1小时读懂天气

AN HOUR

[英] 迈克尔·布莱特◎著
Michael Bright
张小冲 刘光华◎译

机械工业出版社
CHINA MACHINE PRESS

从赤道到两极地区，从雨雪到飓风，从彩虹到闪电，从海洋到陆地再到天空，不同的天气会给你带来不同的景象。这本书带你走进你想知道的有关天气的一切真相。风是怎样形成的？云层为什么能决定天气？什么导致了急流？是否存在两片一样的雪花？球状闪电是什么？为什么沙漠如此干燥，热带雨林如此潮湿？植物和动物是怎样预报天气的？这本书带你了解闪电，理解雷雨，告诉你彩虹并没有尽头，用超过 3000 个关于天气的知识，为你揭开种种天气现象的神秘面纱。

14 Clerkenwell Green
London EC1R 0DP
www.elwinstreet.com
北京市版权局著作权合同登记　图字：01-2020-0394 号。

图书在版编目（CIP）数据

1小时读懂天气 /（英）迈克尔·布莱特著；张小冲，刘光华译. — 北京：机械工业出版社，2020.7（2024.1重印）
书名原文：The Pocket Book Of Weather
ISBN 978-7-111-66011-8

Ⅰ.①1… Ⅱ.①迈… ②张… ③刘… Ⅲ.①天气－普及读物 Ⅳ.①P44-49

中国版本图书馆CIP数据核字（2020）第118298号

机械工业出版社（北京市百万庄大街22号　邮政编码100037）
策划编辑：韩沫言　　责任编辑：韩沫言
责任校对：梁　倩　王明欣　　责任印制：孙　炜
北京利丰雅高长城印刷有限公司印刷

2024年1月第1版第5次印刷
130mm × 184mm · 4.75印张 · 2插页 · 104千字
标准书号：ISBN 978-7-111-66011-8
定价：49.00元

电话服务
客服电话：010-88361066
　　　　　010-88379833
　　　　　010-68326294
封底无防伪标均为盗版

网络服务
机　工　官　网：www. cmpbook. com
机　工　官　博：weibo. com/cmp1952
金　　书　　网：www. golden-book. com
机工教育服务网：www. cmpedu. com

目录

天气的作用

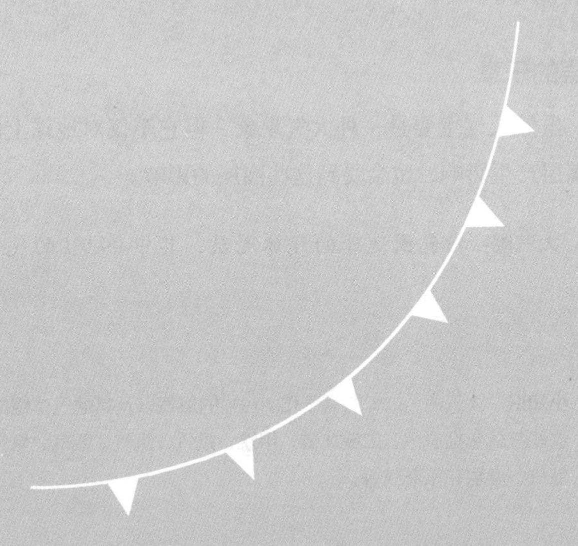

什么是天气?

我们都会受到天气的影响。无论是从加拿大落基山脉山坡上的暴风雪到纽芬兰大浅滩上的海雾，还是从印度季风带来的暴风雨到萨赫勒地区的长期干旱，天气对人类、野生动物和自然景观都产生了巨大影响。

天气与气候

天气是指在特定的时间与地点内，由于太阳对地球表面不均匀加热而引起的大气运动和变化的结果。气候是指在某一特定区域普遍存在的具有代表性的气象条件，包括温度、降水和风等。

圈层的乐章

虽然天气主要是一种大气现象，但它不仅对地球上的各个圈层产生影响，也会受到这些圈层的影响。

大气圈：指包围地球的气体圈层，其中 99.9% 的气体在

小知识 大气由 78.1% 的氮气和 20.9% 的氧气以及其他气体组成。这些气体包括氩气、二氧化碳、甲烷、氖气、氦气、氪气、氢气、氙气、臭氧和水蒸气等。

距离地球表面42千米的范围以内，而余下的部分则可延伸至1000千米以外的太空。

水圈：指位于地球表面或近地球表面的水体，如淡水和海水，呈固态、液态或气态的水，包括海洋、河流和空气中的水蒸气。

岩石圈：指我们脚下的所有岩石与土壤。

生物圈：指生活在地球表面或地下的所有生物体。

地球的各个圈层是紧密相连在一起的，一个圈层的变化会极大地影响着其他的圈层。一些猛烈的天气事件，例如飓风或火山爆发，都会对其他圈层产生重大影响。

大气和海洋一直在持续不断地将湿热的热带地区与寒冷的两极地区之间的能量和水分进行重新分配。

独特的天气

地球上的每个地方都有其独特的气候，而与此气候相适应的天气系统则反映了这一地区的实际地理位置是邻近海边还是位于大陆中央，是在山脉顶端还是在山谷之中，是邻近赤道还是靠近两极。

与靠近两极的地区相比，靠近赤道地区的天气受季节性变化影响更少。热带地区有雨季和旱季（在湿度和降雨量上有所变化），而温带地区有不同的季节——春季、夏季、秋季和冬季（在温度上有所变化）。这是因为在热带地区，白昼的长度和来自太阳辐射的能量是恒定的，而距离赤道越远的地区，一年中白昼的长度和来自太阳辐射的能量变化就越

上图：从太空俯瞰地球的大气层。大气层可分为对流层、平流层、中间层和电离层。

大。同时，内陆地区的气候和天气变化也往往较沿海地区更为猛烈。

陆地与海洋

地球表面吸收太阳辐射能量的方式取决于地球表面是海洋还是陆地。正是这些被海洋或陆地吸收的能量驱动着天气系统变化，除此之外，大气层本身的能量也对天气系统有一定的影响。

被陆地吸收的能量：移动十分缓慢，仅达地下数米深度并且几乎终年不会发生变化。除此之外，如果太阳辐射增加，陆地表面就会迅速升温；如果辐射减少，比如在冬天，陆地

上图：英国和西欧国家上空的反气旋卫星图像。这种天气现象通常会带来温和的天气和晴朗无云的天空。

表面温度就会显著下降。

被海洋吸收的能量：能够进入海洋表层并被长期储存。海洋具有强大的能量储存能力，这意味着当到达地球表面的太阳辐射发生变化时，海洋的变化要慢得多。

在陆地与海洋的交汇区域

在陆地和海洋相邻的海岸线附近，海陆的冷热速率具有显著差别。这会在两个区域边界上引起温度和气压的差异。

在夏季，当陆地迅速升温时，气流从海洋向陆地移动。在冬季，当陆地迅速冷却时，海洋仍保持夏季的热量，于是气流从陆地向海洋移动。这意味着陆地和海洋在地球表面的分布会对全球气候和季节性气候循环造成相当大的影响。

静止的气团

在极地和热带地区存在有巨大的、半永久性的高压系统（反气旋）。这些气团悬浮在周围，并在很长时间内保持近乎静止的状态，这就表明极地反气旋会带来寒冷，而亚热带反气旋则会带来温暖。

空气会从这些反气旋中流出，使得地球表面的能量达到平衡。当它移动时，会从下部的表面显示出更多特征。

移动的气团

当气团在海洋或陆地上移动时，它们会受成因和运动轨迹的影响。在北半球向南移动（和在南半球向北移动）的极地气团很可能是寒冷的。吹过海洋上方的气团可能是湿润的，而吹过陆地上方的气团可能是干燥的。

气团的分类

名称	特征
极地海洋气团	寒冷且相对湿润
极地大陆气团	寒冷干燥
热带海洋气团	温暖湿润
热带大陆气团	温暖干燥

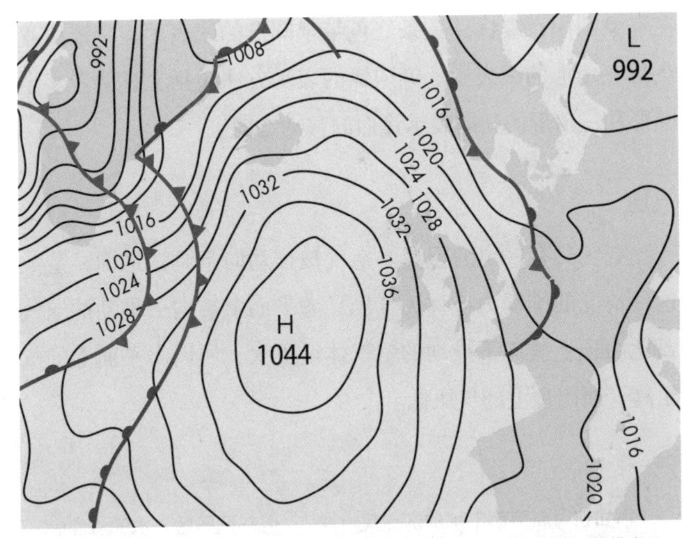

上图：一幅典型的气象图，图中黑色曲线为等压线，暖锋用红色带半圆形的线表示，冷锋用蓝色带三角形的线表示。这幅图显示的是大西洋上空的一个巨大的高压系统。

锋面

锋面可以是暖锋、冷锋，或者是锢囚锋（静止的）。如果暖空气接近并取代了冷空气，就会形成暖锋。如果冷空气接近并取代了暖空气，就会形成冷锋。冷锋的移动速度比暖锋快，因此，如果冷锋追赶上了暖锋，而暖空气完全被冷空气从地面推离，就会形成锢囚锋。锋面不仅存在于地平面上，也会向上延伸到大气层中。

冷空气比暖空气更重、密度更大，所以当较轻较暖的空气上升到冷空气上方时，它会逐渐冷却，其中的水汽逐渐凝结，便形成了云。这就是为什么锋面的出现通常会带来降雨。

在气象图中，暖锋用一条红色带半圆形的线表示，冷锋用蓝色带三角形的线表示。锢囚锋的表示方法包括上述两者。半圆形和三角形的朝向表示锋面的移动方向。

气压

空气具有一定的重量。空气被推动向下到达地面，造成这种情况的推动力被称为气压。海平面上被向下推动的空气要比山顶上被向下推动的空气体量更大，所以海平面上的气压高，而山顶上的气压低。

小知识 海平面上水的沸点是 100℃，但在低压区，水的沸点会降低。在珠穆朗玛峰顶，水的沸点只有 75℃。

高压和低压

在低压区，上升的暖空气团经膨胀和冷却，形成的较冷空气与暖空气相比无法容纳如此多的水分，于是水蒸气便凝结形成云。因此，低压系统常伴随着降雨出现。

在高压区，大量下沉的空气随着与地球表面的接近而变暖。温暖的空气含有更多的水分，所以高压系统常伴随着好天气出现。气压相同的地点被曲线连接起来形成等压线，并在气象图上以环状曲线的形式围绕高压和低压系统存在。

空气在高压和低压系统之间流动，以促使两种系统达到平衡。这就是风的成因。风总是从高压区吹向低压区，但是由于地球的自转和地表摩擦力的影响，风也会围绕气压系统转向。

在北半球，低压系统（气旋）的风向为逆时针方向，高压系统（反气旋）的风向为顺时针方向（南半球则相反）。高压和低压系统之间的压力差越大，风就越强。在一幅气象图上，等压线密集的地方表明有强风。

悠闲的气压

高压系统（反气旋）移动缓慢甚至可能近乎停止。这就是所谓的阻塞高压，它对其他天气系统的移动有阻碍作用。高压系统一般位于波罗的海和斯堪的纳维亚半岛上空，在夏季的某些时候它可能会带来数周阳光明媚的好天气。然而，高压系统并不总是与好天气联系在一起。在冬季，它们会导致浓雾和严重的霜冻天气。

有时一个高压区会被夹在两个低压系统之间。这就是所谓的高压脊，它通常会带来稳定的天气。

急流

急流是在大气层上部 6000 米以上的高空发现的，由强而窄的水平方向的风组成的高速气流带，风速可以超过 50 节（约 93 千米 / 小时）。它们不仅可以产生风暴，还可以判定高压区和低压区的位置。急流可以沿着冷热气团的上表面形成。

当它们的运动轨迹改变时，气象学家会密切关注它们。例如，在美国的寒冷冬季，急流盘旋在墨西哥湾上空，而在夏季，它位于加拿大上空。

在几种已知的急流中，最臭名昭著的是时而会在非洲上空 3658~4572 米的高空中形成的急流。它在赤道以北约 7° 的 15240 米高空中移动。在这里，猛烈的雷暴横跨大西洋，演变成为肆虐美洲的飓风。

高空急流是指集中在对流层上部或平流层中一条较窄的高速急流带，低空急流是指在对流层低层出现的急流。

上图：雨季强降水时期，印度中北部瓦拉纳西的一条街道。

季风

季风（monsoon）一词源于阿拉伯语“*mausim*”，意为季节。在气象术语中，它用来描述季节性的风向转换现象。世界上的许多国家都会出现季风，最著名的是亚洲季风。亚洲季风的产生需要一个巨大的大陆板块和一个广阔的海洋平面，而孟加拉国、印度、巴基斯坦、尼泊尔、斯里兰卡、泰国、越南和印度洋等地正符合这样的条件。

亚洲季风

在秋季和冬季，由于亚洲大陆的温度下降，风从陆地吹向海洋，形成东北季风。在春季和夏季，陆地温度升高，形成低压系统。当陆地温度达到 45℃，比海洋温度高 20℃时，风从海洋吹向陆地，形成东南季风。东南季风会带来丰富的降水。在 5 月 25 日左右，当经过孟加拉湾的季风入侵陆地时，雨季就来临了。

世界气候

20 世纪初，俄裔德国气候学家弗拉迪米尔 · 彼得 · 柯本提出了应用最为广泛的世界气候分类体系。他将世界气候分为五个大类和更多的小类，其中小类的名称与植被类型相对应：

低纬度气候

接近赤道，受赤道热带气团的影响。

热带雨林气候：热带雨林地区终年多雨，降水量超过 250 厘米，温度约 27℃，湿度在 77%~88% 之间。主要分布在亚马孙平原、刚果盆地和从苏门答腊到新几内亚的东印度群岛。

热带草原气候：可分为湿润和干旱两个季节，主要分布在印度、中南半岛、西非、南非、南美洲部分地区和澳大利亚北部。

热带沙漠气候：分布于南北半球回归线至南北纬30°之间，约占全球12%的陆地面积，主要分布在非洲北部、亚洲西部、南美洲西部狭长地区和澳大利亚中部。

中纬度气候

温带气候受极地和热带气团影响。

温带草原气候：草原贫瘠且几乎没有树木（干草原），半干旱，夏季温暖冬季寒冷。处于这种气候条件下的地区若再干旱一点就会形成沙漠，再湿润一点就会形成大草原。主要分布在北美洲西部、欧洲中部和欧亚大陆。

地中海气候：植被由耐干旱的灌木和树木组成，冬季潮湿，夏季极度干旱，自然火灾频发。主要分布在地中海沿岸、加利福尼亚州中部和南部、澳大利亚西部和南部沿海地区、智利沿海地区和南非最南端的一小部分地区。

大陆湿润气候：极地气团和热带气团在该地区相遇，植被为落叶林，终年雨雪丰富。主要分布在美国东部、加拿大南部、中国北部、韩国、日本、欧洲中部和东部地区。

高纬度气候

即极地气候，极地气团和大陆气团在高纬度地区相遇。

亚寒带针叶林气候：植被为松柏科树木（针叶林），冬季漫长而寒冷，夏季短暂而凉爽，主要分布在北美洲北部、从欧洲横跨西伯利亚至太平洋的欧亚大陆。

苔原气候：草地、苔藓和灌木等植被沿北极海岸地区生长在冻土层（苔原）中。冬季漫长而寒冷，没有真正的夏季，只有一个短暂而温和的季节。主要分布在北美洲的北极地区、格陵兰岛海岸和北冰洋旁的北西伯利亚地区。

高地气候：凉爽寒冷，存在于山地和高原地区，但与周围地区拥有相同的季节。主要分布在落基山脉、安第斯山脉、阿尔卑斯山脉、喜马拉雅山脉、非洲的乞力马扎罗山和日本的富士山地区。

世界气候及对应的生物群落

气候类型	生物群落	气候类型	生物群落
热带雨林气候	热带雨林	大陆湿润气候	落叶林
热带草原气候	热带草原	亚寒带针叶林气候	针叶林
热带沙漠气候	沙漠	苔原气候	苔原
温带草原气候	草原	高地气候	高地植被
地中海气候	灌木丛		

生物群落：一个由生命有机体组成的区域性群落，如草原或沙漠，以其当地的主要植物类型和常见气候为特征。

季节

地球沿地轴倾斜23.45°，所以太阳辐射在一年当中会与地球表面呈不同的角度到达地球。只有当地球表面与太阳之间处于合适的角度时，如南北纬23°之间的地区，才会接收到最多的太阳辐射。而到达其他地方的太阳辐射角度会偏小，且越接近极点角度越小。然而，在温带地区，太阳辐射角度的变化带来了四季——春季、夏季、秋季和冬季，这是因为在一年之中，世界上不同地区相对于太阳的倾斜角度是不同的。

至点

夏至和冬至是太阳位于最北和最南的日子。北半球最短的白昼——冬至日，在 12 月 21 日或 22 日。北半球最长的白昼——夏至日，在 6 月 20 日或 21 日。南半球的情况与北半球正好相反。

昼夜平分点

白昼与黑夜的时间相等。当太阳经过赤道时，一年之中会出现两次昼夜平分点。春分是北半球春季和南半球秋季的开始，在每年的 3 月 20 日或 21 日。秋分在每年的 9 月 22 日或 23 日。

小知识　由于地球公转的轨道为椭圆形，地球实际上是在北半球处于冬季时离太阳最近，而在 7 月 3 日左右离太阳最远。这表明地球与太阳的角度比与太阳的距离更重要。

气象观察

天气预报

你会收看电视上播出的天气预报吗？如果你是农民、渔夫、园丁、旅行家，你的日常生活会受到天气变化的影响，所以了解天气变化对你来说十分重要。人们对天气的研究已有上千年的历史，所以对于天气的研究——被称为气象学——可以追溯到很久以前。

上图：红色的晚霞预示着好天气的来临——“夜空红彤彤，牧人兴冲冲”。

古代的天气预报

当生活在地球较冷地区的史前人类每天走出洞穴时，他们可能会做与你每天早上离家时同样的事情：抬头看看天，心想“今天是下雨还是晴天？”他们对冷暖、阳光、风和雨雪的认识一定是他们最早的感知。最终，他们可以通过辨别天空中各种特定的现象和图案来预测天气情况，并将这些观察结果代代相传，先是口口相诵，然后用文字记录下来。这就是早期的天气预报。

注意天空……还有那只猫

几个世纪以来，人们通过观察动物的行为，可以获得短期的天气预测。

谚语和押韵诗歌曾是唯一的天气观测指南，可以预测接下来的 24 小时内可能会发生的天气情况。

如果奶牛站在田野上，那就会有好天气；如果它们躺下，那将会下雨。

当蜜蜂靠近蜂房时，降雨将会到来。

如果乌鸦低飞，风将渐起；如果乌鸦高飞，风就会消失。

当海鸥飞向陆地，暴风雨即将来临。

暴风雨到来前苍蝇会集结成群，猫会舔毛喵喵叫，猪会打滚和嚎叫，奶牛挤成堆，马儿躁郁不安想逃跑，昆虫低飞还咬人，鸟会大声叽叽喳。

与动物类似，植物也是很好的天气观测指南。

苔藓干燥，天空晴朗；苔藓潮湿，就会下雨。

暴风雨来临前，蒲公英会紧紧闭合花朵；牵牛花会耷拉下来，像是要睡觉；三叶草会把它的叶子折叠起来；许多树叶会卷起来或者将它们的背面露出来。

天气预言家甚至尝试对下一个季节的天气进行长期预测。

当松鼠大量收集坚果时，将会有一个寒冷的冬天。

如果土拨鼠在2月2日看到了自己的影子，那么冬天还会再持续6周。

火、土、气和水

千百年来，人类必须依靠民间传说和神话故事来记录天气情况，但是随着哲学家和科学家的加入，这种活动变得正式起来。

气象学一词源自亚里士多德。他用火、土、气、水四种元素来描述热和冷，在公元前350年，他已经认识到了水循环的基本原理，这与现在的认知是一致的。

亚里士多德的水循环理论

随着太阳的移动，转化、生产和分解的流程就开始了，通过太阳光的作用，最好最甜蜜的水每天都会形成水蒸气升到上空，随着温度降低又会重新凝结，返回地面。

——亚里士多德（公元前384—公元前322年）

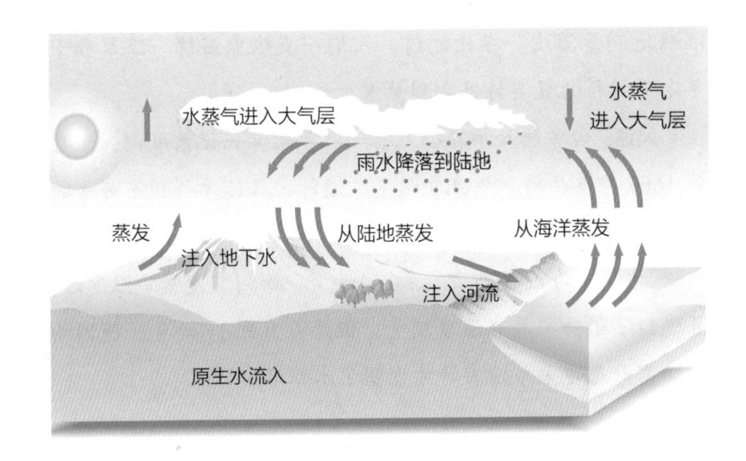

第一次测量

公元前400年左右，印度人用一个46厘米宽的容器作为雨量计，对当地的降雨量进行了粗略的测量。雨量计的使用在韩国可以追溯到15世纪。

早期的测量工具

17世纪，人们进行了第一次精确的气象测量。

气压：1643年，意大利物理学家埃万杰利斯塔·托里拆利发明了一种可以测量大气压力的气压计。托里拆利注意到天气会随着气压的变化而变化，气压下降预示着暴风雨即将到来，而气压上升则预示着好天气即将来临。

湿度：1655年，意大利托斯卡纳的斐迪南二世利用在人工冷却台上凝结水珠的方式发明了湿度计。这种方法可以更准确地测量湿度。在此之前，人们一直依靠海绵、海草和干羊毛等材料的吸湿特性来测量湿度。

风速：古希腊人早在公元前 100 年就开始记录风向，但直到 1667 年罗伯特·胡克发明了风速计，风速才得到了可靠的测量。

温度：大约在 17 世纪之初，伽利略·伽利雷发明了温度计，并进行了第一次原始温度测量。但是，直到 1724 年，德国物理学家丹尼尔·华伦海特才发明了水银温度计。

小知识 托里拆利的气压计其实是一项偶然发明，是在证明空气确实有重量的实验中诞生的。

18 世纪中叶，科学界已经拥有了必要的仪器，不仅可以精确地监测天气的方方面面，而且还可以预测天气将要发生的变化。

气象学的诞生

1765 年，法国科学家安托万·洛朗·拉瓦锡成为最早收集包括测量大气压、大气湿度、风速和风向在内的日常气象数据的记录人之一。他宣布自己可以根据收集到的数据来预测天气状况。他说："有了全部的这些信息，我们几乎总能较精准地预测一两天后的天气。"

这门新兴学科在 1854 年的一次航运事故后得到迅猛发展。在克里米亚半岛的巴拉克拉瓦附近，一艘法国军舰和 38 艘商船在一场猛烈的风暴中沉没。巴黎天文台的台长奉命进行调查。他发现这场风暴在灾难发生的两天之前就已经形成，然后从东南方向穿过欧洲，而它会经过巴拉克拉瓦本来是可以被预测出来的。这促使法国建立了国家风暴预警系统——气象学这门学科就由此诞生了。

全球合作

气象记录最初是由业余自然科学家收集并记录在个人日记中的，但到了 19 世纪，欧洲和其他国家都相继建立了国家气象服务机构。1853 年举办的国际海洋气象会议上同意大家相互交换气象数据，以绘制第一幅气象图。到 1873 年，一些国家气象服务机构联合起来成立了国际气象组织（IMO）。1950 年，它被命名为世界气象组织（WMO），1951 年，联合国将它视为一个专门机构。截至 2004 年，已有 187 个国家成为会员，可自由传送标准化气象数据以预测天气变化、监测全球气候变化以及大气污染物的长距离传播现象。

小知识 世界上的最低气温纪录都来自南极洲的沃斯托克，分别是 1960 年 8 月 25 日测量的 −88.3℃和 1983 年 7 月 21 日测量的 −89.2℃。

气温

气温测量于背阴处，而非阳光直射处，所以温度计本身并不会发热而给出错误的数据。在阳光直射下的气温较背阴处的气温可以高出 10~15℃，这一数据在有风天气时会降低。

最大值和最小值

最高温度和最低温度是在 24 小时内由一个特殊的最大和最小温度计记录的。柱状的水银或酒精通过推动微小的金属标记物在温度计内上下移动。这种双金属刻度盘式的温度计设有指针，可以指向刻度盘上的数字。

华氏温度和摄氏温度

1724 年，丹尼尔 · 华伦海特发明了华氏温标。他规定一定浓度的盐水的冰点为 0 华氏度，给出了当时可能的最低温度。人体温度规定为在 98 华氏度（实际上为 98.6 华氏度），水的沸点规定为 212 华氏度。

1742 年，瑞典天文学家安德斯 · 摄尔修斯引入摄氏温标。他将水的冰点和沸点之间的温度简单地划分成 100 份，其中水的冰点为 0ºC，沸点为 100ºC。

小知识 目前，最高气温纪录来自伊朗的卢特沙漠，为 2005 年测量的 70.73℃。

上图：南极洲罗斯海里的一座冰山——地球上最冷的地方之一。

温度换算表

摄氏温度（℃）	华氏温度（°F）	摄氏温度（℃）	华氏温度（°F）	摄氏温度（℃）	华氏温度（°F）
–273.15	–459.67	–17.77	0	50	122
–200	–328	0	32	55	131
–180	–292	5	41	60	140
–160	–256	10	50	65	149
–140	–220	15	59	70	158
–120	–184	20	68	75	167
–100	–148	25	77	80	176
–80	–112	30	86	85	185
–60	–76	35	95	90	194
–40	–40	40	104	95	203
–20	–4	45	113	100	212

酷热地区

地球上的最高温度可以在埃塞俄比亚、利比亚、澳大利亚和美国等国家测量到。

埃塞俄比亚宽干谷：拥有世界最高年平均温度纪录。1960 年 10 月至 1966 年 12 月之间的年平均温度为 35℃。与之相比，在佛罗里达州的基韦斯特，夏天的平均温度为 25.7℃。

加利福尼亚州死亡谷：从 1917 年 7 月 6 日至 8 月 17 日的连续 43 天中，此地平均气温超过 48℃。在 1913 年 7 月 10 日，气温曾一度达到 56.7℃。死亡谷是西半球地表的最低点，虽然它位于中纬度地区，但海拔越低，温度越高。这片沙漠长 209 千米，宽 23 千米，年降水量只有 5 厘米多一点。死亡谷这一称呼源于 1849 年的一个事件，当时前往加利福尼亚州淘金的 30 人中仅有 18 人幸存。

澳大利亚马波巴：世界上持续最长的酷暑——从 1923 年 10 月 30 日至 1924 年 4 月 7 日共 162 天。温度为 38℃。

严寒地区

地球上最冷的地方不仅在南极，还在西伯利亚东北部，温度可以低至 -68℃。维尔霍扬斯克和奥伊米亚康的居民会

小知识 地球上最热的温度为 70.73℃。太阳表面处的温度接近 6000℃，太阳中心的温度约为 2000 万℃。

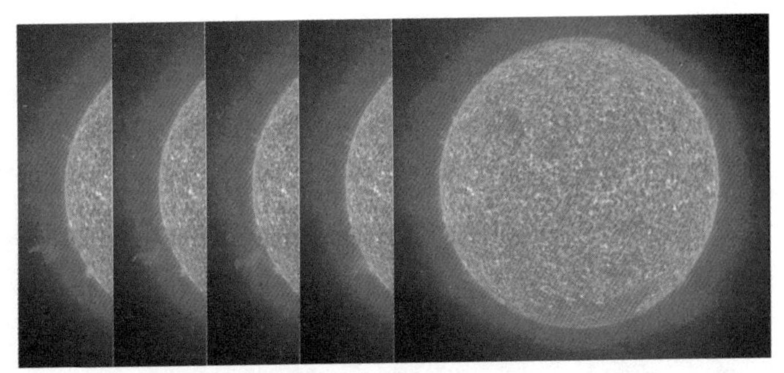

上图：太阳“爆发日珥”释放的气体，长度超过 128747 千米，温度超过 33315℃。

经常感受到这种冰冷刺骨的温度。这两个城镇都位于北纬 63°，处于群山环绕之中，离北冰洋较远。

世界的气压

地球上海平面的平均气压为 1013.25 毫巴。由于高山山顶的海拔较高，如珠穆朗玛峰，气压约比海平面小三分之一。

低压

陆地上令人震惊的最低气压纪录为 892.3 毫巴，它发生在 1935 年 9 月 2 日袭击佛罗里达群岛的 5 级飓风中——也被称为劳动节飓风。在这场飓风中，连接基韦斯特和陆地的铁路被毁，树木都被连根拔起。

地面监测

地面人工气象站可以监测许多信息，如云层的高度、移动速度和方向、能见度、日照持续时间和日照强度、气温最大值和最小值、土壤温度、气压、降雨量、湿度、风速、风向、污染物和花粉量，蒸发量、太阳辐射以及太空和地球本身的情况。

小知识 尤里卡气象站位于加拿大北极高地埃尔斯米尔岛，距北极约 1130 千米，是世界上最偏远的人工气象站。深冬时节气温可以骤降到 -40℃，且一天 24 小时处于黑暗之中。

非人工监测活动

最新的天气监测系统是由美国联邦航空管理局管理的自动天气传感器系统（AWSS）。它能记录包括温度、能见度、风、降雨量、湿度、露点、气压、云量以及是否有雷和冻雨出现等实时数据。航空公司的飞行员和气象部门可以实时获得这些信息。

气象雷达

气象雷达发射脉冲信号，这些信号在接触到雨滴或冰雹等小物体上时可以被反射回来，提供有关降雨量、雷暴单体和风切变现象（短距离内风速和/或风向变化）的运动数据。

像云中的小水滴和冰晶这种更小的物体，则依靠毫米波测云雷达探测并提供云层的厚度和高度数据。

高空监测

虽然对气象观测员来说，地面监测具有很大的价值，但为了获得整个大气层的全部数据，还需要采用其他方法。

风筝：1749 年，苏格兰气象学家亚历山大·威尔逊博士和托马斯·梅尔维尔将温度计安装在风筝上，以监测距离地面 915 米高的高空气温。

第一个气球：1896 年，法国气象学家里昂·泰塞朗·德博

上图：第一颗正式的气象卫星“泰罗斯一号”，于 1960 年 4 月 1 日发射。

尔在他位于凡尔赛家中放飞的气球上安装仪器。1902 年，他公布了他的发现——大气层可能由对流层和平流层两层组成。

无线电探空气球：1931 年，一个携带了无线电探空仪的气球将气象数据传回地面。

气象气球

现在，装有无线电探空仪的气象气球被全球定位系统导航卫星追踪。这被认为是从大气层上部收集气象数据的最有效方法。它们每天从世界各地的 1100 个不同地点升空两次，一次飞行时间约两小时，无线电探空仪到达距地面 40 千米的地方，从发射点飘移约 200 千米。这个区域的温度为 –90℃，气压只有地表的千分之一甚至更低。气象气球除了能获得大气压力和湿度的信息外，还可以监测臭氧含量。

嗖！

在 40 千米的高空，固体燃料探空火箭飞行 8~10 分钟，便可以获取到气象数据。它们通常在距离地球表面 50~200 千米的高空测量数据，这一区域正是气象气球和气象卫星的探测缺口。欧洲航天局（ESA）的探空火箭从瑞典北部城市基律纳发射，美国国家航空航天局（NASA）的探空火箭从弗吉尼亚州的东海岸发射。

从太空俯瞰地球

第一颗非正式的气象卫星是美国海军部发射的“先锋二

号”，它从太空拍摄了地球云层的第一张照片。“先锋二号”于1959年2月17日发射，但直到1960年4月1日发射的“泰罗斯一号”气象卫星进入轨道之后，才证实了气象卫星确实可以监测地球的气候模式。

托佩克斯/波塞冬卫星发射于1992年8月，彻底改变了人类对海洋的季节模式的理解。随后的“詹森一号”卫星提供了关于海洋环流和地形的更多数据，使科学家能够了解和预测如厄尔尼诺等海洋气候现象。

预报

如今，超级计算机是天气预报的关键。将来自世界各地的数据输入到复杂的软件程序中，可以模拟地球的大气层环境以及从海平面到高海拔地区的天气情况。为了预测未来的天气状况，程序将大气层分为许多单体，并从每个大气层单体中获取尽可能多的数据。如果只是进行短期预测，那么数据的顺行度（天气系统运行方向）只需覆盖160千米，但如果需要长期预测，则需要全球信息。

精确度

大气层和天气系统十分复杂，且它们的行为模式也十分混乱，这意味着天气预测得越久远就越不准确。天气预报的准确性在10天后会显著下降，但即使是在5~10天内的预报误差也很大。哪怕是像飓风这样非常明显的天气事件，也很难预测。5 天后的风暴的预测轨迹可能比实际轨迹偏离长达 587 千米——曼彻斯特到彭赞斯的距离。

不可预测的波动

大气层中的小规模波动，即惯性重力波，会对大气层中 16 千米以下的区域产生影响。它们会以条纹状的特征云被观察到，这是大气层中流体变化的结果。它们对天气预报具有重要影响。

天气预报的先驱

英国数学家刘易斯·弗莱·理查森首次对大气层的行为进行了数学预测。1922年，他在还没有计算机的时代进行了辛苦的计算，这意味着他的结果要等到天气系统消失后才能得到。他认为这些计算量需要6万人来工作才能在天气事件发生前进行预测。不过，他开发的数值系统一直沿用至今。

云和雾

云层决定天气

云层对天气系统十分重要。太阳总是在发光，但是一天中到达地球表面的太阳光总量取决于云层覆盖的总量和持续时间。云层越厚，到达地球的太阳光就越少。这意味着飘浮在天空中云层的总量和类型会限制大气层中的能量总量。云层也可以直接将能量传递到大气层中。当水蒸气凝结在云层中微小尘埃颗粒上时，能量就被释放出来了。

测量云层

云量以八分量为单位，每八分量代表八分之一的天空被云层覆盖，分级如下：万里无云、1 个八分量、2 个八分量、3 个八分量、4 个八分量、5 个八分量、6 个八分量、7 个八分量和全云层覆盖。

任何人都可以用镜子测量八分量。把镜子分成 16 个正方形格子，把它放

上图：塔状积云标志着大气层的不稳定性，可能预示着风暴的来临。

在空旷且不会被建筑物或树木遮挡住的地方以便看到整个天空。然后数一数有云的正方形格子数量，把这个数字除以2就得到了八分量的大小，很简单吧！

记住：如果太阳就在头顶，不要抬头直视它——也不要看镜子。

云层命名

古希腊哲学家提奥夫拉斯图斯（公元前372—公元前287）将云层描述为“抓绒的羊毛”，法国自然科学家让－巴蒂斯特·拉马克（1744—1829）将云层分类为“连绵曲折状”“条纹状”和“羊群状”。1803年，英国业余气象学家卢克·霍华德（1772—1864）设计了一个简单的云层分类系统，它与瑞典自然科学家卡尔·林奈（1707—1778）创立的分类系统相似，用拉丁文名称来描述云层的形状、外观和厚度。

他描述了云层的四种主要类型：卷云，意为毛发状的云层，指成缕的、稀疏的云；积云，意为呈堆积状的块状云；层云，指云均匀成层；还有雨云，指的是位置较低的、灰色的云。此后其他类型也增加进来。

高空云层

形成于6000米以上的寒冷高空中，主要由冰晶（过冷的小水滴）组成。高空云层很薄、很纤细，呈白色，它们在日出和日落时可以呈现出不同的色调。

卷云：主要出现在天气晴朗的时候，云层成簇状指向空气运动方向。如果有强风，云层就会呈钩状。

卷层云：呈层状，可以覆盖整个天空，有几千米厚，但它是完全透明的，可以根据太阳或月亮周围存在的晕来确定它的存在。卷层云随着暖锋的接近会变厚，然后变得越来越不透明，这表明暖锋导致的恶劣天气即将来临。

卷积云：以成排圆形缕状或蜂窝状波纹的形式出现。它是更为罕见的云层形态之一。

中部云层

这些云层出现在 2500~6000 米的高空中，主要由水滴组成，在特别寒冷的天气时它们可能也含有冰晶。

高积云：以平行排列状、波纹状或圆形块状的方式一行行地出现。云层的一部分是灰色的，据此可以与更高的卷积云相区分。它们是不稳定大气层中热对流的结果，且它们的抬升有时会伴随着冷锋的到来。高积云在温暖、潮湿的天气下形成，可逐渐形成塔状，有时会带来强雷暴。

高层云：一层薄薄的灰白色的云，可以覆盖整个天空。阳光照射时，云通常不会投射到地面形成阴影，但有时它可以厚到完全遮住太阳。

低空云层

云底高度一般低于 2500 米，这些云层主要由水滴组成，当温度骤降时可能含有雪和冰晶。

上图：美国佐治亚州布伦瑞克冷锋过后紧随其来的层积云。

雨层云：一层厚厚的黑云，可以遮住大部分天空，白天遮住太阳，晚上遮住月亮。它根据季节的不同可以带来降雨或降雪等坏天气。虽然它可以与中部云层共存，但它的云底处于低空云层。

层积云：位置较低，呈块状，有圆形的云顶，颜色可以从浅灰色到深灰色，云块间有缝隙。它的到来可能伴随着小雨。

垂直方向发展的云层

这些云层是由热对流（热空气上升）或锋面抬升（空气在空气锋面界面上抬升）形成的。当云层中的水蒸气凝结成水滴时，会释放出巨大的能量。

积云：最多可持续 40 分钟，看起来像飘浮的棉花。云层的顶部标志着空气或上升热气流气泡的上边界。初期的云层有清晰的边界，而晚期的云层则呈破碎状，这是由于蒸发和促使这种云层产生的热气流逐渐消耗殆尽导致云层消失。

积雨云：相对温和的积雨云可以发展成极其灰暗的塔状积雨云，这些积雨云可以产生强大的雷暴，所以也被称为超级雷暴单体。积雨云比积云大得多，最高可延伸 12000 米或更高的高空中。它们由快速上升的气流驱动，以超过 50 节（93 千米 / 小时）的速度垂直移动。

其他类型的云层

波状云：云层顶部的形状类似一连串拍打海岸的浪花。形成于具有明显的垂直切向但热分层较弱的气流中。

乳状云：类似于囊状体，形成于下沉气流中，它们看上去气势汹汹，但通常是在雷雨过后出现。

地形云：通常沿着山脊形成，在这里气流因地面的形状而被抬升。

山帽云：类似平滑帽子形状的云层，经常出现在高山的山峰或与塔状积云一起出现。

航迹云：航迹云是高海拔地区单条纹卷云。它们通常是由飞机排出的废气与周围空气混合形成的。

云的形成

水以三种状态存在——液态，如雨；固态，如冰和雪；

气态，如水蒸气。在云形成之前，气团必须是潮湿的，也就是说气团中必须含有大量的水蒸气。这些潮湿的气团主要来自海洋。当大量温暖潮湿的气团膨胀并冷却时，就形成了云和雾。当气团冷却时，湿度上升，当湿度达到100%时，水蒸气冷凝形成小水滴，附着在灰尘、盐分或其他空中的微粒上，这被称为凝结核。如果一朵云可以长时间存在的话，小水滴最终会以雨的形式落下来。

空气冷却后便形成云。冷却通常是由气团上升引起的，而气团的上升则可能是由对流、辐合或抬升导致的。

上图：一道不同寻常的航迹云划过美丽的天空。

对流：空气的垂直运动。当太阳使地球表面变暖时，被称为热气流的“气泡”向上飘浮。只要比周围的空气热，它就会继续上升。最终，它会到达冷却点，水蒸气凝结成云。这就是积云和积雨云的形成方式。

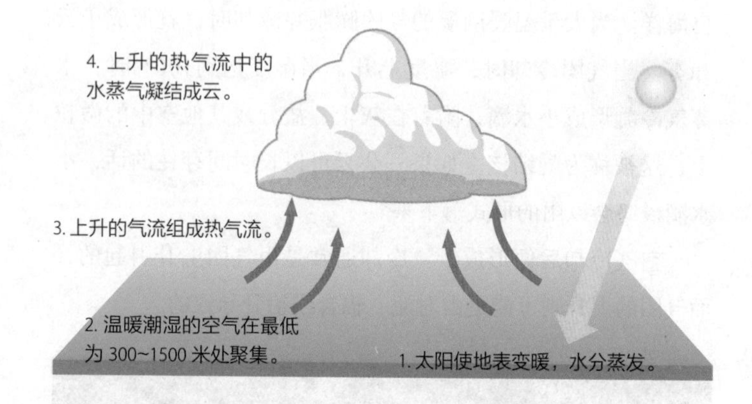

辐合：大量空气水平聚集在地球表面时，它们不能向下运动，于是只能上升。当它们上升时，辐合点的气压下降，形成一个低压系统。与对流相比，这种上升的空气运动规模要小一些，因此生成的云不完全垂直。

锋面抬升：跨越锋面的边界时发生。在冷锋处，大量的冷空气将其暖空气抬升到自身之上。当空气上升时，水蒸气凝结成云。上升是如此急剧有力，以至于可以形成阵雨甚至雷雨。暖锋比冷锋的移动速度慢得多，暖风上升的坡度较缓，因此

小知识 直径 1 千米，厚 100 米的中等规模的云的重量相当于一架波音 747 大型喷气式客机。而云底直径 10 千米，厚 10 千米的大型积雨云的重量与 10000 架大型喷气式客机一样大。

锋前的降雨会久一些。

地形抬升：如果一个移动的气团遇到山脉，它不能向下移动，只能向上抬升。它在上升时冷却形成云。

雨云、雪云、雷暴云

降雨常从降雪开始。水滴凝结成的云层位置很高，所以周围温度也很低，以至于低于水的冰点，于是云中的水会形成冰晶。当冰晶落下时，它们把周围的冰晶聚集在一起形成雪花。如果云层以下的气温高于冰点，它们就会融化并以雨滴的形式降落，但如果地面气温低于冰点，它们就会以雪的形式降落。

雷暴云很昏暗，因为它们比蓬松的云更浓密，阻挡了阳光穿过。

夜晚的云毯

虽然我们可能会认为云层在晚上起到了毯子的作用，可以维持住白天的热量，但实际情况并非如此。云中的水滴会吸收红外辐射，然后辐射到各个方向，有些辐射到太空，有些则辐射回地球。

通过云种散播的人工降雨

1946 年，文森特 · J. 沙弗尔在通用电气公司实验室的冷冻室工作。有一次，他觉得房间太热了，就将干冰放了进去。干冰屑周围形成了一团云，这表明房间中的水蒸气在干冰周围凝结形成了水滴。这就是冷雨过程的基础——产生更多可以促使水蒸气凝结的核。

云种散播既可以通过飞机穿梭于云层之中引入作为凝结核的外来微粒来实现，也可以通过地面发生器将空气中的微粒泵入低层大气中完成。碘化银可以用于云种散播，因为它的性质与冰晶类似。热带地区则使用暖雨的方法——烟雾状的氯化钙提供了额外的吸湿核。使用碘化银进行云种散播时，会使用飞机来运输干冰球或闪光弹。

云种散播的效果很难评估，因为降雨量多变且不稳定。然而，一般认为云种散播产生的降雨比非云种散播产生的降雨持续时间更长。云种散播的覆盖范围更广，降水量也更高。

通过对历史上的雨雪水平和云种散播后的雨雪水平数据进行对比，可以得出这样的结论：云种散播后，降雨量可以增加 5%~30%。

小知识 雪炮将水和压缩空气聚合在一起，将水雾化成小水滴，然后结晶形成雪，以在滑雪场人工造雪。

奇特的云

云中空洞

1968 年 2 月 23 日，范登堡空军基地上空出现了一团不同寻常的云。在卷积云中有一个近似圆形的空洞。在得克萨斯州科珀斯克里斯蒂附近的云层中也发现了类似的空洞。专家们认为，这种现象可能是飞机或火箭试验云种散播的结果，也可能是陨石碎片造成的。然而直至今日，云中空洞仍然是一个谜。

揭开云层的神秘面纱

在 20 世纪 60 年代末，从卫星传回的地球照片上有很多云线，而当时的气象学家无法对此现象做出解释。在加利福尼亚州海岸的晚春和初夏时节经常能看到它们。美国联合航空公司的一名飞行员在近距离观察这一现象后，解开了谜团。他观察到的云线不是飞机的凝结尾迹，而是从轮船的烟囱中延伸出的一条痕迹，延伸了 240 千米，然后逐渐消失。

夜光云

由冰晶组成的珍珠白色的云层，形成于极地地区的夏季寒冷时期。它们出现于南北纬 60°~70°，距地表约 80 千米高的地区。它们在日落之后仍能被太阳照射很久，因此看起来像是会在黑暗中发光。

小知识 平均而言，云的凝结核——一些微粒，如灰尘，云中的水滴——浓度为每立方米空气中 1 亿~2 亿个。

雾和薄雾

雾和薄雾是由数百万微小水滴悬浮在空气中形成的——

基本上可以算是近地面的云。雾比薄雾更浓密，因为它含有更多的水滴。不过，具体分级还取决于你驾驶哪种交通工具。如果能见度不足 1 千米，飞行员就会有麻烦；而能见度不足 200 米时，汽车驾驶员就会受到影响。

全在海上

纽芬兰阿瓦隆半岛和大西洋大浅滩附近的水域被认为是世界上雾气最浓的地方之一。1966 年，半岛西侧的阿真舍创下 206 天大雾天气的记录。其他多雾的地方包括贝尔岛和开普雷斯，起雾天气超过 160 天。

雾也被称为海烟，当从南方来的暖湿气流遇到北方来的拉布拉多洋流时，就会形成海烟。一年四季都有雾，但在春季和初夏时会更加频繁。雾可以厚到强风都吹不散。

不管怎样，大浅滩平均每年经历约 120 天的大雾天气。它位于冰山巷的最南端，是泰坦尼克号的残骸所在地，也是电影《完美风暴》中遭遇风暴的地方。

雾的形成

形成雾的方式有很多种，但一般来说，雾是由靠近地面的潮湿空气冷却时，空气中的水蒸气凝结而成。

地面雾或辐射雾：由地表辐射冷却作用形成。

平流雾：当温暖潮湿的空气移动到较冷表面的上方时，由空气冷却而成。北冰洋蒸气雾（海雾的一种形式），就是平流雾的一种。

上坡雾：当温暖潮湿的空气被地形（如山脉）抬升时形成。

降水雾或锋雾：暴风雨后常见。当雨水蒸发后，空气中水蒸气增多，凝结成雾。

旧金山的雾

每年夏天，旧金山湾的港口和道路都笼罩着浓雾。这是因为沿岸水域比离岸水域要冷得多。温暖潮湿的空气从太平洋吹来，并被西风带到沿岸的较冷水域。空气温度骤降，便形成了雾。

上图：海雾，属于层云的一种

冻雾

在内华达山脉，一种冰冻的雾会在冬季出现，甚至出现在冬季里那些天气晴朗的日子。一眨眼的工夫，空气中就充满了飘浮的针状冰晶。据说，呼吸冻雾会导致肺部坏死，所以当它出现时，人们会匆忙寻找遮蔽物。当空气中的水分在高山峰顶附近突然冻结时，就会形成冻雾。当树木、房屋和露天的东西在没有明显原因的情况下变白时，冻雾就出现了。这些微小的冰晶可以附着在任意物体上，包括人们的头发和衣服，产生一种“怪诞效果”。

燃烧的雾

1758 年，在一封寄给《年度纪事》的信中，描述了一团奇怪的雾是如何袭击位于康涅狄格州的肯辛顿的。它随着厚厚的云而来，“冲击着房屋”，就像“从沸腾的麦芽汁中冒出的浓蒸汽”一样。伴随而来的是一股热浪，以至于人们以为房子着火了。另一些人从他们的住处跑出来，认为“世界着火了，末日来临了”。到底是什么原因导致了燃烧的雾，至今仍然是个谜。

雨

什么是雨？

雨是水蒸气在大气中冷却凝结而形成的水滴。每一滴雨的形状都像汉堡包，因为雨滴落下时底部被压平，而顶部保持圆形。当雨滴直径小于 0.5 毫米时，被称为毛毛雨。

降雨是由什么形成的？

形成降雨有两种公认的方式。

碰撞和尾流捕获

在云中存在超级凝结核，它能吸引更多凝结的水蒸气，并逐渐比其他凝结核长得更大。这些超级凝结核可能是天然海水中的盐分、火山喷出的硫酸，甚至是工业废气。当雨滴变重后，云层难以继续支撑，它们便开始下降。它们在下落时相互碰撞，引起连锁反应，在每个大雨滴的尾部会形成部分真空从而吸引小雨滴。这可能是位于冰点以下较低位置的云层中雨的形成方式。

伯杰龙过程

延伸到冻结区域的云层，如巨大型积云，有时含有液态的水滴。当温度达到 –35ºC 时，这些过冷的水滴变成冰晶，使云层呈现像积雨云的云顶一样的纤维状外观。当冰晶下落时，它们会与其他冰晶发生碰撞，并逐渐聚集更多的冰形成雪花。如果地表温度低于冰点，它们就会以雪的形式降落；

如果地表温度在冰点以上，它们就会以雨的形式降落。

雨的分类

雨主要有三种类型：

锋面雨：在冷热气团交界处形成的降雨。

对流雨：当从地面上升的暖空气冷却时形成的降雨，经常会产生雷雨天气。

地形雨：当气团在某些地貌（如山脉）上被迫上升时形成的降雨。

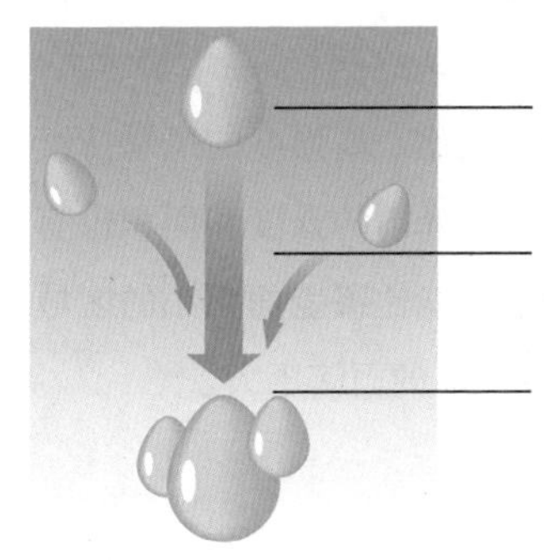

碰撞和尾流捕获

雨滴逐渐变重，不能悬浮在云中，因此开始下降。

当雨滴下落时，在它的尾部形成的部分真空会吸引更小的雨滴向它靠拢。

雨滴与其他雨滴碰撞，在下降过程中体积逐渐增大。

雨和雨影区

当一个潮湿的气团被山脉抬升时，每上升 1000 米温度就会下降 3ºC。在此过程中，水蒸气凝结并在山脉的迎风面上形成少量的地形雨和毛毛雨。

在接近峰顶的地方会出现猛烈的地形雨，气团因此失去了绝大多数的水分。

在背风面（避开风的斜坡）雨势更小，随着气团的下降，每下降 1000 米，温度会升高 9.8ºC。

离山越远，雨量越少，直到完全停止，出现雨影区。

降雨强度的分级

降雨类型	12 小时降水量
小雨	≤ 4.9 毫米
中雨	5.0~14.9 毫米
大雨	15.0~29.9 毫米
暴雨	30.0~69.9 毫米

降雨的强度和持续时间通常成反比。高强度的风暴持续时间短，低强度的风暴持续时间长。降雨的强度和面积也有关系，覆盖面积大的区域内降雨量可能比覆盖面积小的区域要少。高强度风暴的雨滴比低强度风暴的雨滴更大。

降雨的纪录

世界上很多地方都可以角逐地球上最潮湿地区的头衔：

夏威夷：拥有世界上最潮湿的地方之一——可爱岛的怀阿鲁亚山。在山坡上，海拔 1569 米的气象站记录此地的年平均降雨量在 11.68~13 米之间，且一年之中有 335~360 天都在下雨。

乞拉朋齐：位于印度梅加拉亚邦，这里有一年中降雨量最多的纪录。从 1860 年 8 月至 1861 年 8 月，降雨量达到 26.46 米。

1974年9月12日至15日短时期内，降雨量为3.72米。然而，根据长期数据显示，与之毗邻的玛坞西卢村更加湿润，年平均降雨量为11.87米，而乞拉朋齐只有10.82米。

雨天

留尼汪岛：是24小时内降雨最多的世界纪录保持者。1966年1月6日至7日，岛上Foc-Foc镇的降雨量为1825毫米，也就是1.8米！

美国：降雨最多的一天发生在1979年7月26日。在24个小时之内，1092毫米的雨水降落到得克萨斯州的阿尔文小镇。排名第二的是1950年9月5日佛罗里达州的洋基镇，降雨量为983毫米。

英国：有记载的单日最高降雨量为279.4毫米，发生在1955年7月18日多塞特郡的马丁斯敦。两人在倾盆大雨中丧生。苏格兰单日降雨量最高的一天为1974年1月17日，在罗蒙德湖的斯洛伊主平硐，24小时内的降雨量达238毫米。

新西兰：24小时最高降雨量为682毫米，在1984年1月21日至22日落入科里尔斯溪流，其中有473毫米的降雨发生在22日的12小时内。然而，1小时最高降雨量为107毫米，发生在1966年2月16日的弗努阿派，10分钟最高降雨量为34毫米，发生在1948年4月17日的陶朗加。

澳大利亚：24小时最高降雨量为906.8毫米，发生在1893年2月2日的昆士兰州比瓦。

加拿大：降雨最多的一天发生在1967年10月6日，位于不列颠哥伦比亚省西部的尤克卢利特布林诺煤矿，降雨量达到 489.2 毫米。

亚洲：降雨最多的一天发生在 1911 年 7 月 15 日，位于菲律宾吕宋岛碧瑶市，降雨量为 1168 毫米。

干透了

虽然地球上有些地方容易出现大量降雨，但还有其他地方以极度缺雨为特征。这通常发生在雨影区，即山脉背风面的地区。任何接近该地区的潮湿空气都会被抬升，在这个过程中，空气变冷，其中的水分因转化为降水而丢失。

上图：阿塔卡马沙漠之所以如此干燥，是因为它的一侧是安第斯山脉，另一侧是环太平洋沿岸山脉带，这些山脉将水汽隔绝在了外面。

地球上最干旱的城镇：位于智利阿塔卡马沙漠的阿里卡，年平均降雨量不超过1毫米，而且它曾一度连续14年没有降雨。

美国最长的干旱期：根据美国方面的记录，这一事件发生在加利福尼亚州的巴格达。1912年10月3日雨停后，直到1914年11月9日才再次下雨，干旱时间长达767天。

暴涨的洪水

暴涨的洪水是巨大的、快速流动的水体，有时会伴随着特大的局部降雨。它们能在几秒钟内把干涸的河床甚至城市街道变成汹涌的洪流。它们具有毁灭性的冲击力，因为水的绝对力量是无法想象的。仅仅15厘米深的洪水就可以把你冲倒，60厘米深的洪水可以把停泊的汽车冲走。

1889年5月31日：倾盆大雨导致南福克水坝决堤，暴涨的洪水吞没了美国宾夕法尼亚州的约翰斯顿镇，造成2200人死亡。这是美国历史上最严重的洪灾之一。

1952年8月15日至16日：一夜之间，当含有约8100万吨乱石的暴涨的洪水以320千米/小时的速度冲进东林恩河和西林恩河时，英国德文郡北部的林茅斯渔村被摧毁，造成35人死亡，数百人失去了他们的家园。超过23厘米的雨水降落在沼地上。后来这一地区因R.D. 布莱克摩尔的小说《洛娜·杜恩》而闻名。

1972 年 6 月 9 日至 10 日：在美国南达科他州的拉皮德城，237 人在一场暴涨的洪水中淹死。

1974 年 1 月 26 日：澳大利亚昆士兰州的布里斯班及周边地区在 5 天的时间里共下了 82 厘米的雨。由此引发的洪水夺走了 16 人的生命，8000 人无家可归。

1975 年 8 月 14 日：一场局部的倾盆大雨袭击了伦敦汉普斯特德，在 155 分钟内降雨量达 17 厘米。街道逐渐变成河流，地铁系统也被淹没并陷入瘫痪状态，井盖被冲出地面，地下室里也灌满了水。一名被困在公寓里的男子被淹死了。而约 500 米外的地区，降雨量却不到 5 毫米。

1976 年 10 月 1 日：飓风“丽莎”带来的暴雨导致一座大坝决堤，汹涌的洪水袭击了墨西哥的拉巴斯，造成 630 人死亡。

1981 年 6 月 6 日：暴涨的洪水摧毁了印度比哈尔邦的一座铁路桥，造成一列满载乘客的火车坠毁。超过 800 人在这场被认为是世界上最严重的火车灾难中丧生。

2003 年 11 月 2 日：印度尼西亚北部的苏门答腊岛上，一场 12 米高的暴涨洪水席卷了博霍鲁克镇。据报道，此次灾难

小知识 1987 年 8 月 14 日，在 18 个小时内，芝加哥奥黑尔机场降下 237.5 毫米的雨水，这是芝加哥历史上 24 小时最大的降雨纪录。洪水导致机场关闭，这是该机场第一次因冬季以外的天气状况而关闭。

共导致250人失踪，但只有83具尸体在树木和泥土下被找到，1200户居民无家可归。

小知识 一滴下落的雨滴凝聚了大量的能量。科学家们计算出，在一个年平均降雨量约为700毫米的地方，雨滴撞击地面释放的总能量相当于3600吨高能炸药。

彩色的雨

红色的雨

1903年2月21日至23日，英格兰南部和威尔士下了一场红雨。这种颜色的成因被认为与摩洛哥南部的撒哈拉沙漠有关，那里的沙尘被强劲的东北风卷起并被带到高空中。它围绕以西班牙和葡萄牙为中心的反气旋（高压系统）向北移动，最终导致了在大不列颠岛南部落下的红雨——大约900万吨的沙尘。

黄色的雨

1870年2月14日，一场含有珍珠状微粒、真菌孢子和微小浮游生物的黄雨降落在了意大利的热那亚。虽然对黄雨最显而易见的解释是黄色来源于针叶树的花粉，但这无法解释里面各种奇怪形状的颗粒。

黑色的雨

1911年1月20日，瑞士下了一场黑雨；1888年8月14日，一场黑雨在好望角落下，但这两个地方都离工厂比较远。

1862年1月14日，苏格兰阿伯丁郡和其沿海地区下起了黑雨。早上8点，天空晴朗，但随着天色变暗，降雨即将来临，一团巨大、浓密的乌云从东南方向掠过海面，落下了像墨水一样的雨点。虽然造成这场降雨的天气系统来源于海上，但来自工厂的烟雾是对黑雨最显而易见的解释，尽管人们对烟灰通过大气传播产生黑雨表示怀疑。还有一种说法是意大利维苏威火山喷发导致的，但那座火山距离黑雨所在地很远，所以造成黑雨的真正原因仍不清楚。

上图：澳大利亚北部，一辆四轮驱动汽车艰难穿过暴涨的洪水。

单点雨量

1966年8月2日：美国新罕布什尔州南部格林菲尔德的一位业余气象观测者记录了异常高的降雨量读数，而他0.5千米外的邻居什么也没有观测到。

这场雨于晚上7点开始，一直持续到晚上10点多。他回忆说：“屋顶上的噪声太可怕了，石头和沙砾被湍急的水流冲走了。”到了第二天早上，他发现这场大雨只覆盖了直径1.6千米的地方，而其他地方都没有下雨的迹象。

1932年8月1日：伦敦贝斯沃特的一场局部倾盆大雨的目击者声称，当时暴雨从距离他90米的地方降下。雨势是如此之大，汽车车轮高的雨浪朝他涌来又退去。然而，他所站的地方只掉了几滴雨。

噼里啪啦的雨

1892年，在西班牙科尔多瓦的一个温暖无风的日子里，一位电气工程师目睹了一道闪电和随之而来的一场不寻常的降雨。当雨滴落在地面、树木和墙壁上时，它们发出噼里啪啦的响声，并发出火光。

没有云的雨

1925年7月18日：在英国普利茅斯附近的博维桑，一名业余气象观察员经历了一场在无云天空下的阵雨。雨水覆盖了直径仅17米的区域。

1935年1月20日：在英国牛津郡本森，万里无云的天空下降落了大约10分钟的毛毛雨。下雨时阳光灿烂，透过雨幕隐约可见一道彩虹。

另外几次：英国汉普郡格雷肖特的一位观测者记录下了无云天空下的一场毛毛雨。1929年12月29日，在晴朗夜晚的隔天，迎来了一天的暴风雨。夜晚天空万里无云，星星在空中闪烁，但下了几分钟毛毛雨。1931年1月，日落时分，天空万里无云却下了一场大雨。1933年1月3日，乌云在天空散去后不久，又下起了一段时间的毛毛雨。

小知识 以英制度量计算，覆盖一英亩面积的一英寸降雨的重量为一吨。以公制度量计算，落到0.4公顷土地上的25毫米的降雨重量约为0.9吨。全世界每分钟有10亿吨的降雨。如果你生活在高降雨量的地方，每年可能会受到多达5000万滴雨的袭击。

看到彩虹

一般来说，彩虹是由于太阳光线从空气进入雨滴时发生弯曲（折射）而形成的，弯曲的太阳光线被分解成所有可见光的颜色——红色、橙色、黄色、绿色、蓝色、靛蓝色和紫色。不同颜色的光线从雨滴折射出后，方向有轻微的不同。彩虹是弯曲的，一部分是因为雨滴是弯曲的，另一部分是因为雨滴把透过其中的光线折射成不同的角度。这样就形成了一个圆弯弓形的（实际上是半圆的，因为雨水不能降落到地面以下）。彩虹的弓形是相对于观察者而言的，所以你看到的彩虹是独一无二的。没人能与你看到完全一样的彩虹。当雨在你的正前方，而太阳在你的正后方时，你才能看到彩虹。

双彩虹

彩虹其实有很多条，但你不可能看到所有的彩虹。可能出现在主虹内的副虹可在 51° 角时被观察到，但彩虹的颜色是相反的。

彩虹没有尽头。彩虹会随着你的移动而移动，所以你可能永远也找不到传说中的那罐金子。

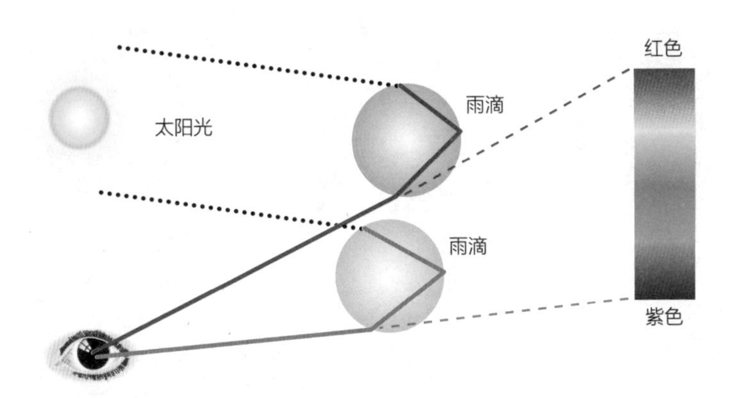

冰雹和雪

冻雨

冻雨由过冷的水滴在接触地面时冻结而成，形成表面光滑的冰粒。道路结冰后无法通行，电缆结冰后会变重而被压倒。

冻雨通常为一条狭窄的雨带，形成于暖锋较冷的一侧，在这里暖空气像三明治一样夹在上下的冷空气之间。暖空气上部和下部的地面温度都在冰点或冰点以下。雨开始以雪的形式从上层的冷空气降落，但在离开云层时，它遇到相对温暖的暖空气层，并融化成普通的雨滴继续下降。地表温度接近冰点或冰点以下，但降落的雨滴本身并不结冰，而是保持过冷状态。当过冷的雨滴降落到地面、电缆、树木或户外的任意物体上时，它们会立即冻结，形成一层薄薄的冰。

冰暴

冰暴会沉积两种类型的冰：

雨凇：坚硬透明且均匀的冰层被称为雨凇。

小知识　冻雨是非常危险的，会让人们滑倒，造成严重的伤害甚至是瘫痪。汽车则可能会完全失去控制，导致多辆汽车连环相撞，发生致命的交通事故。

雾凇：像糖一样乳白色结晶状的冰被称为雾凇。它较稀疏，不能长时间存在，不会造成大的损害。

加拿大的冰暴

1998 年 1 月，加拿大魁北克省南部、新不伦瑞克和美国新英格兰遭受了人们记忆中最严重的长达 5 天的冰暴袭击。一些地区遭遇了超过 120 毫米的冻雨。它严重破坏了森林植被，导致落叶树木的大面积死亡，特别是用来提取枫糖浆的

上图：电缆被冰暴压弯垂下，这使人们处于靠近通电电流的危险之中。

糖枫树。造成的植被破坏花费了几年的时间才得以恢复。

这场冰暴对当地居民的影响很大。1998 年冰暴过去的 3 周后，仍有 70 万户家庭断电。大约 12 万千米的电缆被压倒，魁北克省南部遭受到了非常严重的破坏，整个电网不得不重新修建。超过 10 万人在避难所避难，25 人遇难。

冰雹——降落的冰

冰雹形成于高耸的对流云（如积雨云）中，在积雨云的形成过程中，过冷水滴聚集在尘埃颗粒或其他冰雹周围。水分在颗粒周围结冰，但这些冰粒并不一定会下落。它可以被吹到云的内部，收集更多的水分，并逐渐变大。因此，冰粒在云中停留的时间越长，它就变得越大。最终，大到气团无法支撑时，它就会落下来。

冰雹通常呈圆形，但有时也呈不规则状。如果把它切成两半，它的内部结构就像洋葱一样，有清晰不透明的层次。如果冰块的直径超过 5 毫米，就会被归为冰雹。更小的碎冰块被称为冰丸、雪丸或霰。

冰丸

直径小于 5 毫米的冰粒，可以以两种形式出现——一种是冻结雨滴的坚硬颗粒，或者是融化再冻结的雪花，另一种是包裹在冰里的雪球。它们在落地时会反弹，通常被称为雨夹雪。

雪丸

雪丸是冰冻降水，由直径在2~5毫米之间的小冰粒组成，这些冰粒呈白色不透明的圆形或圆锥形。与冰雹不同的是，它们在落地时就会破碎，所以也被称为小冰雹或软冰雹。

霰

由雪花或冰晶与过冷水和冰结合而成的冰冻降水。

冰雹雷雨

冰雹常常伴随着雷暴，且经常沿着冷锋出现，在那里冷锋顶部的空气比底部的空气冷得多。雷云中的上升气流使冰雹维持在高处，个别冰雹的尺寸会非常巨大。冰雹也可以发生在热带地区，在那里猛烈的雷暴超级单体拥有很强的上升气流。因此，在夏季没有冷锋出现的时候，也可能会有冰雹。

昂贵的损失

被极端的冰雹袭击过的城市，都遭受了不同程度的损失：

1990年7月11日：板球大小的冰雹袭击了美国科罗拉多州

小知识 报道中出现的对人类和环境危害最大的冰雹事件发生在1984年7月12日的德国慕尼黑。整片农田被毁，7万幢建筑物的屋顶上布满了洞，25万辆汽车被冰雹连番轰击，400人严重受伤。经济损失预计为10亿美元。

的丹佛市，对房屋和汽车造成了价值约 6.25 亿美元的损失。

1995 年 5 月 5 日：美国得克萨斯州的达拉斯和沃斯堡遭受了冰雹的袭击，之后的维修大约花费了 20 亿美元。

1999 年 4 月 12 日：澳大利亚悉尼遭受了 1.9 亿澳元的损失，还有许多人因此受伤。

雹块的纪录

雹块落下后存在的时间很短，所以很难获得精确的测量数据，更无法核实纪录保持者的信息。因此，有好几个地方的冰雹都被称为是世界上最大的冰雹。

1928 年 7 月 6 日：这块破纪录的雹块降落于美国内布拉斯加州的博达。它直径为 17.8 厘米，重量为 680 克。这一纪录持续了 40 多年，直到 1970 年才被科菲维尔雹块取代。

1958 年 9 月 5 日：不列颠群岛有纪录以来最大的雹块降落于西苏塞克斯郡的霍舍姆。它重 142 克。

1970 年 9 月 3 日：一块雹块降落在堪萨斯州的科菲维尔。它的直径为 14.5 厘米，周长为 44.5 厘米，重量为 760 克（1.67 磅），是美国最重的雹块纪录保持者。

1986 年 4 月 14 日：据报道，一块重 1 千克（2.25 磅）的雹块降落在孟加拉国的高帕加尼地区。根据《吉尼斯世界纪录大全（1994）》记载，这场冰雹造成至少 92 人死亡，多人受伤。

2003 年 6 月 22 日：一块直径 17.8 厘米，周长 47.6 厘米，

重 590 克的雹块降落在内布拉斯加州的奥罗拉。发现冰雹的当地居民立即把它保存在冰箱里以便测量。然而，约有 40% 的雹块在击中屋顶时会消失，而且在进行测量之前冰雹已经融化，所以实际的雹块要大得多。它是周长最长的雹块，现在被保存在科罗拉多州博尔德的国家大气研究中心的深度冷冻室中。

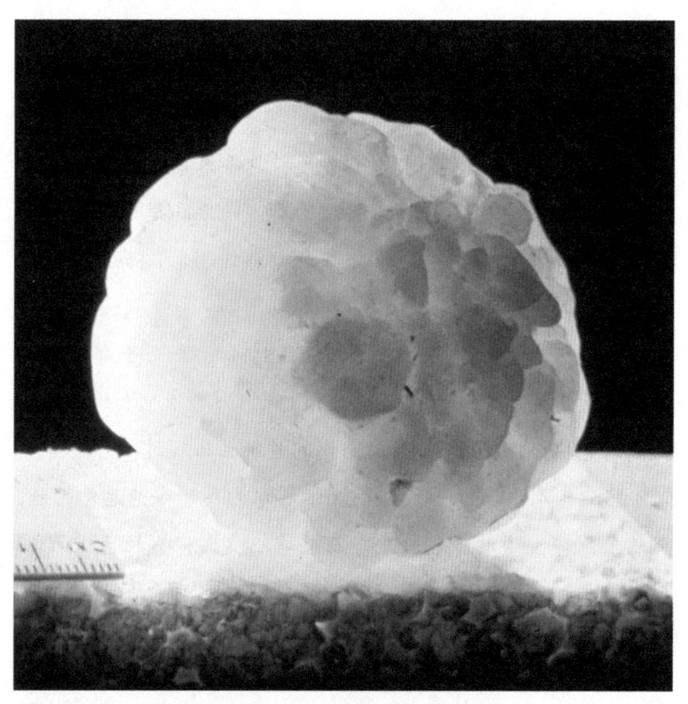

上图：直径为 7.5 厘米的巨大雹块。图片中的大小即为实际大小。

冰雹的速度

冰雹下落的速度取决于它的大小。一名研究人员提出，物体落地时的速度大致与其直径的平方根成正比。这意味着一块直径 1 厘米的雹块会以 50 千米 / 小时的速度砸向地面。目前已知的最大雹块之一——14.5 厘米的科菲维尔雹块被认为是以 169 千米 / 小时的速度下落。

不同寻常的冰雹

冰雹有不同的形状和大小，自 19 世纪以来，关于奇形怪状冰雹的报道时有发生：

1893年8月22日：英国林肯郡沃尔兹的冰雹削平了谷类农作物和花园，打碎了玻璃，打死了鸡，一匹马逃跑，一条狗遇难。这场冰雹的雹块形状并不是光滑的圆形，而是拥有突出的冰尖的不规则形状。

1898 年 8 月 10 日：美国弗吉尼亚州的威廉王子郡发生了另一场奇怪的冰雹。雹块是长 5.1 厘米、厚 1.9 厘米的冰板。类似的雹块还在 1894 年俄勒冈州的波特兰出现过。

1962 年 4 月 7 日：一艘停泊在卡塔尔的乌姆塞德港外的船，突然被网球大小的冰雹击中。有些雹块更大，直径至少为 13 厘米。被冰雹溅出的水花使得海洋像一片“白色的泡沫”，严重损坏了船上罗盘的黄铜盖子。

上图：这架波音 737 客机在欧洲上空执飞时，被猛烈的冰雹击中。

乌龟冰雹

1894 年 5 月 11 日星期五下午，在密西西比州维克斯堡以东 13 千米的波维纳下了一场冰雹，冰雹里有一只 20 厘米长的哥法地鼠龟！

爆炸的冰雹

1911 年 11 月 11 日，美国弗吉尼亚州下了一场大冰雹，每块雹块长约 2.5 厘米，重约 225 克。当它们落到地面时就爆炸了，声音很大以至于可能会被误认为是打破窗玻璃或手枪射击的声音。

飘浮的冰雹

1930 年 4 月 24 日，在伊拉克发生了一场罕见的冰雹，冰雹几乎是“飘”到了地面上。这些雹块直径超过 2.5 厘米，以预计超过48千米/小时的速度撞击地面，但进行下降计时时，发现雹块的速度略高于 15 千米 / 小时，这表明在接近地面的地方，有一股异常的上升气流存在，速度至少为 48 千米 / 小时。

冰雹还是冰块?

《科学美国人》杂志上的一封信描述了堪萨斯州塞利纳附近的一群铁路工人如何在冰雹的袭击下逃命的情景。他们捡到了一块重达 36 千克的雹块。为了防止它融化，工人们把它放在了锯屑里。到了晚上测量时，它长 74 厘米，宽 41 厘米，厚 5 厘米。还有一块雪茄状的雹块，长 30 厘米，直径 10 厘米。

冰挡住了天空

纵观历史，曾有大冰块从天而降的报道。为解释这一现象，给出的解释包括：飞机机翼上脱落的冰层、猛烈或不寻常的天气模式以及彗星（由冰和尘埃组成）进入地球大气层并撞击地面。但到目前为止，以上没有一种解释被证明是正确的。

18 世纪后期：印度有报道称，一块“大象般”大的冰从天上掉下来，3 天后才完全融化。

1950 年 12 月：一名男子在开车前往苏格兰邓巴顿的途中，

差点被一场冰雨击中。警方收集了这些冰并进行了称重，共重 50 千克。

1951 年：在德国肯普顿，一名木匠在屋顶上工作时被 1.8 米长的冰柱砸死。

1957 年：美国宾夕法尼亚州伯恩维尔的一位农民差点被两个重约 23 千克的冰球砸中。

1965 年：美国犹他州伍兹克罗斯菲利普斯石油工厂的屋顶被一块重达 23 千克的冰块砸穿。

1973 年：记录最完整的冰崩事件发生在英国的曼彻斯特。英国气象学家 R. F. 格里菲思当时正站在街角，突然一块巨大的冰块从天而降，砸在了距离他 3 米远的路上。他找回的最大的一块冰重 1.6 千克。

2000 年 1 月 16 日：西班牙有媒体报道称，在晴朗的天空下，有篮球般大小的冰块从天而降。这不可能是来自飞机的废弃物，因为下落的冰块是透明的。

雪

雪是一种降水的形式，它不是由水滴组成，而是由单独形成的冰晶组成的。它由大气层高处的水蒸气凝结而成，那里的气温低于冰点。

冰核

雪对充当冰核的微粒性质的要求是非常高的，这是它与雨的不同之处。例如，海盐不能形成良好的冰核，而像高岭石和伊利石这样的黏土矿物却可以。格陵兰岛的冰晶中，有大约 85% 的冰晶中心都有黏土颗粒。树叶的分解物质对冰核的产生也有帮助。

雪的晶体类型

雪的晶体都具有六边对称结构。人们常说世上没有两片完全相同的雪花，当然，这是无法证实的。雪的晶体的基本形状包括：

冠柱状：形似棉线轴。

星状：像星星一样的六边形，但不稳定。

扁平状：六边形平板状。

柱状：类似希腊或哥特建筑的圆柱，或呈子弹状。

针状：像微型的竹竿一样，常与大雪有关。

小知识　早在公元前 135 年，中国人就认识到雪花的形状是六边形。1611 年，德国天文学家约翰尼斯 · 开普勒（1571—1630）出版的《论六角形的雪花》中对雪的晶体形状进行了科学描述。

小知识　如果雪花以 3.6~6.4 千米 / 小时的速度坠落，那它们从云层坠落到地面大约需要一个小时。

世界的雪

接近赤道的低纬度地区，即北纬35°至南纬40°之间，降雪的概率很低。即使是在极度寒冷的极地地区，每年也很少下雪，因为在极地的温度下，气团失去了保存水蒸气的能力。奇怪的是，永久的雪可能出现在赤道附近，因为海拔越高，降雪概率越大。因此，乞力马扎罗山顶上有雪的存在，但实际上赤道上唯一常年积雪的地方位于南美洲的厄瓜多尔，在安第斯山脉的卡扬贝火山南部4690米高的山坡上。

全世界共有65个国家在海拔1000米以下的地方有降雪，另外还有35个国家的降雪出现在更高的海拔高度上。

巨大的雪堆

冬季积雪最多的地方是华盛顿州的贝克山。在1998年至1999年的冬天，28.96米深的雪堆积在山坡上。此前该纪录由华盛顿州的雷尼尔山保持，在1971年至1972年的冬天，那里的积雪达到了28.5米深。

雪的术语

暴风雪：有大风和大雪的风暴。

勃立法雪飑：苏格兰语，指伴有短时间降雪的剧烈狂风。

小雪：轻微的降雪，不会在地面上形成稳定的雪层。

积雪：接近熔点的雪，非常适合打雪仗和堆雪人。

雪泥：降雪融化，形成漂浮着冰的水坑。

毛毛雪：冰冻的毛毛雨以及降落的非常小的雪花或冰粒。

雪飑：短而强烈的伴有大量降雪的风暴。

雪暴：伴有大雪的持续很长时间的风暴。

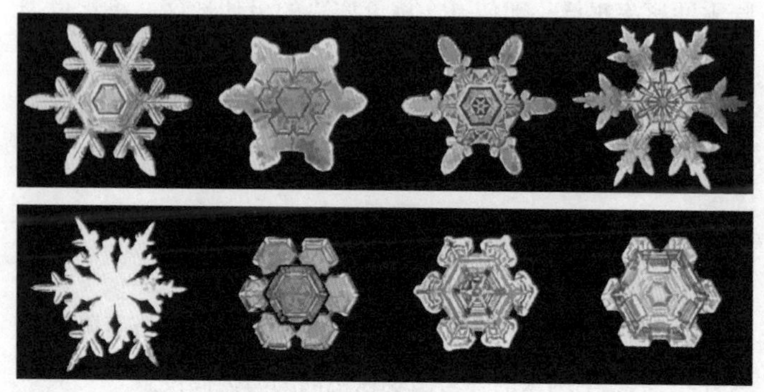

上图：1902 年威尔逊 · 本特利拍摄的雪花图像。

暴风雪

当风速超过 56 千米 / 小时，气温下降到 7ºC 以下，能见度在 150 米以下时，雪暴就发展成为暴风雪。在美国，大平原北部的各州常有暴风雪。例如，南达科他州有时被称为暴风雪之州。

大白鲨飓风

1888 年暴风雪是美国历史上最严重的暴风雪。它发生在 3 月 11 日至 14 日，使从切萨皮克湾到缅因州的东海岸处于与世隔绝的状态。纽约、波士顿、费城和华盛顿等大城市在电缆被暴风雪损坏后与外界失去了联系。紧急服务中断，超过 400 人死亡。在暴风雨来临的前几天，天气异常温和，但气温骤降，降雨变成了大雪。在接下来的 36 小时里，马萨诸塞州和康涅狄格州共下了 127 厘米厚的雪，纽约和新泽西则被 102 厘米厚的雪所覆盖。风把雪吹积成 12~15 米高的雪堆。

黑色的雪

1897 年 1 月 30 日，苏格兰的埃斯克达勒米尔下了一场黑雪。未被破坏的雪的表面被染黑了 0.6 厘米，而下面的雪是白色的。乡村被覆盖在不均匀的黑色的雪中，黑雪可能是由附近工厂的煤烟所致。

上图：美国新罕布什尔州华盛顿山，一个大学徒步队在暴风雪中艰难前行。

巨大的雪花

在近代史上，不时有异常大的雪花记录。例如，1887 年 1 月 7 日，英国切普斯托降下了直径 10 厘米、厚 4 厘米的雪花。这些大雪花是由数百个完整的冰晶聚集在一起构成的。同年 1 月 28 日，更大的雪花降落在了美国蒙大拿州的基奥堡，测量结果为 38 厘米宽，20 厘米厚。

美国的南极

美国新罕布什尔州华盛顿山周围的天气有时和南极一样恶劣。寒风可以使气温骤跌至 –84ºC，地球上有史以来最强风速——372 千米 / 小时也可以在这里体验到，这里的平均风速是大风级别，每三天可以达到飓风级别。年平均气温约为 3ºC，最低气温为 –44ºC。年平均降雪量为 6.5 米，最高降雪量可达 14.3 米。山顶附近的建筑物在一年中有 60% 的时间被厚雾笼罩，且经常覆盖着霜冰，类似于“侧向冰柱”，所以这里也被称为“云中之城”。

小知识 有时可以在极地地区的严寒和无风天气条件下看到雪从无云的天空落下的景象。雪呈现不同的形状，可以是针状、星状、扁平状的雪花和没有结构的冰颗粒。雪在阳光下闪闪发光，也被极地探险者称为钻石沙。

冰川期

300 万年前至 1 万年前，世界上大部分地区都被冰雪覆盖。大约 4500 万年前，人类开始进入最后一次大冰川期，我们现在就身处其中。这并不是一个持续寒冷的时代，而是被分隔成数段的漫长冰冷时期。所有大陆上都有高山冰川，北美洲和欧亚大陆的部分地区覆盖着数千米厚的冰原。

小冰川期

从 14 世纪到 19 世纪中期的降温阶段被记录了下来。它包括从 1650 年、1770 年和 1850 年开始的寒冷期，其间有较暖的间隔时间段。随着浮冰向大西洋南部继续移动，有了因纽特人登陆苏格兰的记录。瑞士的冰川继续向前推进，吞没了村庄和农场。英国伦敦的泰晤士河、荷兰的河流和运河都结了冰，那里人们举办了霜冻集市。1780 年冬天，纽约港结冰，人们可以从曼哈顿步行到斯坦顿岛。冰岛和格陵兰岛的部分地区也被冰封。春天和夏天寒冷又潮湿，农业遭到破坏，造成了大范围的粮食短缺。

风和风暴

风是什么?

地球表面不均匀的受热，导致空气在气团之间进行水平移动，从而产生风。风在气压不同的气团之间流动，从高压流向低压，试图平衡气压。风可以是由陆地和海洋之间的温差引起的局部风，也可以是由赤道和两极之间巨大的温差引起的全球风。

盛行风

如果地球不自转，那么由于热空气上升，上层大气中就会有一股暖空气从赤道流到两极，而冷空气下降，则会有一股较冷的空气从两极流到赤道。然而，地球确实在自转，就使得这种简单的模式变得复杂。在世界各地，根据纬度不同，有不同方向的风区，几个世纪以来，水手们已经对这些风非常熟悉，并且给了它们固定的称谓。

信风

信风是地球上最可靠的风，水手从欧洲到美洲依靠的就是这些风。信风是在赤道两侧的哈德里环流圈影响下形成的。这种气象现象在赤道把热空气向上抬升送到两极。在南北纬30° 处，空气冷却下降，然后再把冷空气送回赤道，由于科里奥利效应（由地球自转产生）冷空气会发生向西偏转。在北半球，风从东北方向吹来，被称为东北信风。在南半球，风从东南方向吹来，被称为东南信风。信风这个名字来自古英语 trade 一词，所以信风又被称为贸易风。

盛行西风带

这种风与费雷尔环流圈有关。这个环流圈平衡了哈德里环流圈和极地环流圈，环流圈中的空气流向与地球自转方向一致。涡流的产生会导致气流，因此，这里的地表风向为从西向东。

咆哮西风带

水手用咆哮西风带这一名字来称呼出现在南纬 40° ~ 50° 间强劲而稳定的西风，这里的风不受大面积地块的阻碍。

极地东风带

在极地环流圈的高纬度地区，一团持续下降的冷空气占据着主导地位，这个环流圈带来的风是寒冷、强烈和持续的。极地东风吹向南北半球。在北半球，它们有时会结合墨西哥湾暖流温暖潮湿的空气，进而产生雷暴甚至龙卷风。

急流

急流是风速超过 30 米 / 秒的狭窄强风带，通常在极地环流圈和费雷尔环流圈交汇处的对流层顶（对流层和平流层之间持续移动的边界层）向东移动。在冬季，急流也会在南北纬 30º 哈德里环流圈和费雷尔环流圈之间形成。世界各地的急流不是连续的，它们的轨迹可以向北或向南移动。

赤道无风带

这是一个风平浪静的地区，靠近赤道南北纬 5° 之间，空气抬升但不会水平流动。这里的天气状况沉闷压抑。学术上这里被称为辐合带。信风在这里会合，将这里变成了世界上降水最多的地区之一。

副热带无风带

位于南北纬 30° ~35° 之间，是哈德里环流圈和费雷尔环流圈之间的地带。在这里，干燥的空气下降，高压占统治地位，风力微弱。副热带无风带也被称为副热带高压。根据民间传说，水手们取“马纬度”这个名字，是因为他们的船在此处搁浅了，为了节省粮食，他们把所有的牲畜，比如马，都扔到了海里。

小知识　1985 年，一场微暴流是导致一架商业客机在达拉斯 - 沃斯堡国际机场坠毁的罪魁祸首。

微暴流和巨暴流

微暴流可以产生与龙卷风破坏力相似的风。这些风从雷暴中形成，以超过 240 千米 / 小时的速度摧毁建筑物，吹倒树木，可能导致飞机坠毁事故。这种现象通常被称为“下击暴流”，但如果它影响的区域小于方圆 4 千米则被称为“微暴流”，如果它影响的区域更大，它就是“巨暴流”。

上坡风和下降风

上坡风是一种沿斜坡上升的风，也被称为谷风。早晨，太阳温暖了山上的山坡，而山谷仍在阴凉中。温暖的空气上升。而原先的位置由下面的冷空气取代，引起的温度变化形成上坡风。下降风由沿着斜坡向下的冷空气驱动，也被称为山风。当南极洲、巴塔哥尼亚冰原或格陵兰岛等地区的冷空气在重力的影响下运动时，就会形成下降风，而且非常猛烈。

世界上风最烈的地方

南极的丹尼森角是地球上靠近海平面风力最大的地方。1911 年，澳大利亚探险家道格拉斯 · 莫森把这里作为基地。当到达丹尼森角时，莫森惊奇地发现没有海冰阻挡靠岸，这也可能是该地区刮大风的一个证据。果然，在接下来的 6 个月里，风速高达 160 千米 / 小时，1912

上图: 澳大利亚探险家道格拉斯 · 莫森爵士，把自己裹得严严实实以对抗南极强风。

年 5 月达到峰值 320 千米 / 小时。莫森把丹尼森角和毗邻的联邦湾称为暴风雪之家。此处的风属于下降风，是半球形大陆和海岸低压系统导致的。大量的冰冷空气从南极冰盖的沿海斜坡上滑下，不断地加速，在海洋边缘形成了飓风。

温暖的南极风

焚风是由于空气作绝热下沉运动时，因温度升高湿度降低而形成的一种干热风。温暖的空气吹过寒冷的土地，导致冰雪从固态不经过液态直接变成气态,这一过程被称为升华。其结果是形成一层厚厚的凝结蒸汽。

温暖的下降风

一些下降风在背风面的一侧形成。当风下降时，由于空气被压缩，它就会变热。风的温度可以比周边地区高 20ºC。世界上有很多风都是这样形成的，有着地域性的名字，如奇努克和圣安娜。它们从背风面下降之前会因地形影响先抬升，因此是一种地形风。

热风

1860 年的夏天，亚拉巴马州、密西西比州、路易斯安那州和密苏里州的气温连续几天徘徊在 38ºC；最热的一场风是只有 90 米宽的热风，席卷了佐治亚州中部，烧焦了许多种植园上的棉花作物。在堪萨斯州，有几个人在热风中窒息而死。当时风的温度是 50ºC。

对风的观测

最古老的天气测量设备是风向标，这是一种不对称形状的物体，它的摆动可以表明风从哪个方向吹来。风向标通常是动物形状的，头部指向风向。在很多国家，最常见的形状是公鸡，从 9 世纪开始，公鸡形状的风向标开始出现在教堂的屋顶、尖塔和高塔上。

风速测量

现在常用的测量风速的设备是风杯式旋转风速仪，最早由鲁宾孙发明，当时是四杯，后改用三杯，三个互成 120° 固定在架子上的半球形空杯都朝向同一方向，整个架子连同风杯装在一个可以自由移动的轴上。

小知识 1911 年 2 月 23 日，在英国的布拉德福德，一名女学生冒着大风走进了一个露天操场。一阵狂风把她卷了起来，带着她飞了 6 米高。

风力等级

一直以来，海员们都是根据风向和风力来确定风速的，直到 1805 年才开始采用一种标准的风速测量方法。在此之前，虽然海军军官定期进行天气观测，但这些观测是非常主观的——一个人认为的强风很可能是另一个人认为的风平浪静。1805 年，英国海军上将弗朗西斯·蒲福爵士发明了一种简单的海上风力测量仪。它被称为蒲福风级或蒲福风力等级。最初是根据风对船帆的影响来划分风级，从“刚好能让人掌舵”到“没有帆布能承受”。1906 年，随着蒸汽动力的出现，这种风级对航海影响的描述也随之改变。后来陆地也开始使用风级系统，它被称为风力级，如表所示，同样的风级在陆地和海上有着不同的描述。

风级	概况	风速/节	风速（千米/小时）	海上的情形	陆地的情形
0	无风	0~1	0~1	海面如镜面平静	烟雾直上
1	软风	1~3	1~5	鱼鳞状涟漪，没有浪尖	风能吹起轻物但无法带动风向标
2	轻风	4~6	6~11	微小的波浪，玻璃状的浪尖，但不会散	轻风拂面，风向标转动，树叶作响
3	微风	7~10	12~19	波浪，浪尖破碎，透明的泡沫，偶有白浪	树叶和嫩枝摇动，旌旗吹起
4	和风	11~16	20~28	小浪变大浪，频繁的白浪	灰尘和纸张被吹起，小树枝摇动
5	清风	17~21	29~38	中强度波浪，许多白浪	带叶子的小树摇动，内陆水域有波浪泛起
6	强风	22~27	39~49	大浪形成，白色泡沫的波浪广泛分布	大树枝摇动，撑伞困难

（续）

风级	概况	风速/节	风速（千米/小时）	海上的情形	陆地的情形
7	疾风	28~33	50~61	海浪堆积，破碎的波浪泡沫留有风向的纹理	大树摇动，逆风难行
8	大风	34~40	62~74	中强度高浪，长度更长，浪尖破碎成浪花，吹动纹理明显	树枝折断，行走困难
9	烈风	41~47	75~88	高浪，浪尖破碎翻滚，密集的泡沫	建筑物轻微的破坏，烟囱顶部和屋顶被掀飞
10	狂风	48~55	89~102	很大的高浪，浪峰高悬，泡沫充满纹理，海面发白翻滚，能见度降低	树木被连根拔起，建筑物破坏加重
11	暴风	56~63	103~117	异常狂烈的高浪，无边浪花覆盖海面，浪峰边缘吹成泡沫，能见度降低	大范围破坏
12	飓风	64~71	>117	高空中充满泡沫和浪花，海面因为吹起的浪花变白，能见度严重下降	暴力又严重的损害

飓风、台风和气旋

飓风可能是地球上最强烈的风暴。伴随飓风而来的是异常强劲的大风、令人难以置信的降雨量和猛烈的风暴潮，飓风可以摧毁整个沿海地区，摧毁沿途一切。据估计，一场飓

上图：1996 年 9 月飓风弗兰登陆美国东海岸之前的卫星图像。

风所消耗的能量相当于 8000 个百万吨级核弹。

飓风怎么称呼

飓风一词来自加勒比海言语的恶魔 Hurican，是加勒比海大安的列斯群岛的泰诺部落的常见神明。如今它被用来描述大西洋和东太平洋的热带风暴。在西太平洋和中国海域，这种风被称为台风，来自广东话大风，意思是特大风。在南亚次大陆和澳大利亚附近，这种风被称为“气旋”，不过澳大利亚人也会叫它“畏来风”。

飓风的形成

北大西洋和北太平洋的飓风季节通常在6月至11月之间，南半球则在1月至3月之间。最常被飓风威胁的地区位于南北纬8º~20º之间的海洋上。在这里，潮湿、轻风、温暖的海洋表面温度是造成高强度热带风暴的原因。

热带扰动：当热带海洋上空出现一团被称为热带扰动的雷暴时，飓风就此诞生。大多数袭击北美洲的北大西洋飓风均源于热带扰动，这些扰动最初形成于西非，而后自西向东移动。

风力增强：在飓风形成的地方，水蒸气凝结时气压下降，释放潜热。变暖的空气上升膨胀，而后冷却，使得更多的水蒸气凝结，如此循环，直到形成连锁反应，循环更强烈，压力下降更多。较低的地面压力促使更多温暖、潮湿的空气流入，从而形成更多的雷暴和大风。科里奥利效应使风以逆时针方向旋转（北半球），风变得越来越强。从风暴中心顶部流出的空气向地面盘旋而下，形成超强风力。

热带风暴：当持续风速达到37千米/小时时，热带扰动称为热带低压，当风速达到63千米/小时时，又成为热带风暴。此时这个风暴就会被赋予一个名字。在20世纪50年代和60年代，热带风暴全部取自于女性的名字，但从1979年开始，男性和女性的名字交替出现。直到风速大于117千米/小时时，风暴正式成为飓风。

飓风剖析

风眼： 飓风的中心是风眼。它就像一个直径 10~65 千米的烟囱，其中无云、无风亦无下沉空气。风眼是风暴中最平静的部分。

风眼墙： 风眼周围是风眼墙。它是一个由剧烈雷暴和极强烈风组成的环形，会带来暴雨。最猛烈的风在风眼墙的侧面，与风暴前进的方向平行。比如，如果风暴正朝西移动，最猛烈的风将出现在风眼墙北部。向前运动和风速叠加，产生超级飓风。

螺旋雨带： 风眼墙外是螺旋状的强降雨带，围绕风暴中心形成。这里的风雨强度是风眼墙的一半。

小知识 如果能将一场普通飓风的能量加以利用并转化，产生的电能可以供整个美国使用 3 年。

风暴潮

随着风暴袭来。海平面将会抬升高达 10 米，形成的海浪范围直径可达 80~160 千米。当它横扫海岸线时，任何海岸线上的建筑， 如码头、防洪堤坝、海滨住宅区、桥梁、公路和铁路，都可能被这道水墙严重破坏甚至摧毁。

萨菲尔 – 辛普森飓风量级表

萨菲尔 – 辛普森飓风量级表是 20 世纪 70 年代由赫伯

特·萨菲尔和罗伯特·辛普森设计的，用以衡量飓风强度。它由 5 个量级组成，由和飓风相关的气压、风速和风暴潮等参数锚定。

量级	中心气压（毫巴）	风速（千米 / 小时）	风暴潮（米）	破坏等级
1	超过 980	119~153	1.2~1.5	轻微
2	965~980	154~177	1.8~2.4	中等
3	945~964	178~209	2.7~3.7	巨大
4	920~944	210~249	4~5.5	极大
5	小于 920	超过 249	超过 5.5	灾难级

未来飓风的名字

新飓风的名字是由世界气象组织提前确定的，由 6 份名单循环使用而来。如果某个名字在一年内没有被使用，就会被搁置，6 年后重新出现在名单上。

最致命的大西洋飓风

1780 年大飓风

这是已知最致命的飓风。1780 年 10 月，大飓风席卷了加勒比海的马提尼克、圣尤斯特歇斯和巴巴多斯等多个岛屿。它发生在美国独立战争时期，摧毁了许多英国和法国海军舰队的舰船，当时他们正在争夺该地区的制海权。1780 年大飓风是连续袭击该地区的三次强飓风之一，与太阳黑子活动相关。

飓风米奇

米奇是有史以来最强的飓风之一。1998年10月形成，最高持续风速为290千米/小时。大部分破坏发生在洪都拉斯和尼加拉瓜，在那里，人们死于飓风引起的泥石流和洪水。

加尔维斯顿飓风

1900年9月8日，一场时速200千米的飓风席卷了得克萨斯州的加尔维斯顿，造成了巨大的风暴潮，超过8000人死亡，3636座房屋被毁。这是美国历史上死亡人数最多的一场飓风。

时间	飓风	死亡人数
1780年10月	1780年大飓风	22000
1998年10月	飓风米奇	18000
1900年9月	加尔维斯顿飓风	超8000
1974年9月	飓风菲菲	10000
1930年9月	多米尼加共和国飓风	8000

其他著名的飓风

劳动节飓风：1935年9月2日，美国报道的第一个5级飓风在佛罗里达群岛登陆。持续风速超过250千米/小时，最大风速达到338千米/小时。

飓风卡米尔：卡米尔于1969年8月20日在密西西比州帕斯克里斯蒂安登陆，持续风速达到305千米/小时，最大风速超过 335 千米 / 小时。造成约 256 人死亡，近 9000 人受伤。破坏不仅来自飓风，同时还有 7.3 米高的风暴潮从墨西哥湾席卷而来。

飓风安德鲁：5 级飓风安德鲁，于 1992 年 8 月 23 日首次袭击了巴哈马群岛，随后在美国佛罗里达州的霍姆斯特德登陆，持续风速 265 千米 / 小时，最大风速 291 千米 / 小时。造成 41 人死亡，超过 25 万人无家可归。几天后，它降级成 3 级风暴，进入墨西哥湾，在路易斯安那州的彭斯角登陆，并引发了 47 场龙卷风，摧毁了美国南部和大西洋中部各州。

上图：2004 年大西洋最强飓风伊万的风眼上空。拍摄于国际空间站。

飓风卡特里娜

飓风卡特里娜是 2005 年飓风季的第二场 5 级飓风，也是有记录以来强度排名第 6 的飓风。风暴于 8 月 23 日在巴哈马群岛形成，但在以 1 级飓风穿越佛罗里达州后，它在墨西哥湾风力增强。到 8 月 28 日，它已经上升到 5 级飓风，中心气压下降到 902 毫巴，持续风速达到 280 千米 / 小时，使卡特里娜成为美国南部沿海地区有记录以来最强的飓风。

8 月 29 日，等到它在路易斯安那州第二次登陆以及几小时候后在路易斯安那州和密西西比州边境第三次登陆之时，卡特里娜已经成了 3 级飓风。同时，其庞大的规模意味着从飓风中心算起，受灾地区范围超过 190 千米，遭受持续风速为 195~205 千米 / 小时的破坏。庞恰特雷恩湖与新奥尔良之间的

上图：飓风卡特里娜过境后，国民警卫队在新奥尔良市中心巡逻。此时，城市的大部分都被水淹没了。

堤坝被冲垮，城市 80% 的地方被洪水淹没。

卡特里娜一直保持着飓风的强度，直到接近距离内陆 240 千米密西西比州的杰克逊，并在靠近田纳西州的克拉克斯维尔再次减弱，在那里它一分为二。截至 2006 年 3 月，造成的死亡人数至少为 1833 人，还有 2000 多人下落不明。

台风

1958 年台风季

太平洋台风季通常从 5 月持续到 12 月，但 1958 年，全年都在持续刮台风。例如，1 月，台风奥菲利亚以 260 千米 / 小时的风速摧毁了马绍尔群岛的贾鲁伊特。5 月，在一系列较小的风暴之后，超级台风菲利斯达到了 298 千米 / 小时的最高风速，并停留在公海上空，这是该地区有记录以来最强的一次。7 月，超强台风温妮以 282 千米 / 小时的风速席卷了中国东南部地区，而 8 月，台风弗洛西袭击了东京，造成大量人员伤亡。9 月，超强台风海伦再次袭击日本东南部，然后向北移动，同月，超强台风艾达摧毁了日本本州岛。超过 4.86 万公顷的稻田和 2118 栋建筑物被毁，1269 人受伤。

带来风雨的强台风

1992 年 8 月 28 日，台风奥马尔袭击了关岛，这是自 1976 年帕梅拉台风以来最强的台风。最高风速达到 240 千米 / 小时，安德森空军基地记录的降雨量达 416.9 毫米。1997 年

12 月 17 日，台风帕卡横扫该岛，风速高达 381.3 千米 / 小时。降雨设备失灵前测到的降雨量达到了 535 毫米。

最低的低压气旋

有记录以来最强烈的风暴是台风蒂普，发生于 1979 年 10 月 4 日的西北太平洋地区。海洋表面风眼的最低气压只有 870 毫巴，这是迄今为止记录的最低气压，最大持续风速为 306 千米 / 小时。这也是世界上最大的热带风暴系统，直径 2174 千米。

改了个名字……又改了回来!

1994 年 8 月 11 日形成的约翰飓风是寿命最长的热带风暴，持续了 31 天。在它 13000 千米的旅程中，两次越过国际日期变更线，从飓风约翰变成了台风约翰，然后又变回了飓风约翰。

强大的气旋

1999 年 5 月 20 日，一个风速超过 275 千米 / 小时的气旋袭击了巴基斯坦南部的信德省。造成 400 多人死亡，600 多个村庄被毁。

1970 年 11 月 13 日，一场气旋横扫东巴基斯坦（现孟加拉国），在此之前导致了 15 米高的风暴潮造成了超过 50 万人死亡。

1999 年 12 月 15 日，一场强热带气旋横扫澳大利亚西北部，风速高达 260 千米 / 小时。这是 100 年来袭击这个大陆的最强气旋，但幸运的是，大部分的受灾地区为无人居住的地区。

热带气旋翠西的情况就悲惨多了，在 1974 年 12 月 25 日，时速 217 千米的热带气旋翠西摧毁了达尔文市的大部分地区，造成了 65 人死亡。热带气旋翠西也是世界上最小的热带气旋，宽度只有 50 千米。

龙卷风

龙卷风是由雷暴引发的。进入雷暴的风开始盘旋，形成一个紧密的漏斗形状。漏斗内的风旋转得越来越快，形成了一个极低的气压，吸入更多的空气和任何挡路的物体。美国有着广阔平坦的大平原，来自加拿大的干燥极地空气与来自墨西哥湾的温暖潮湿空气相遇，很容易孕育龙卷风。因此在俄克拉荷马州、得克萨斯州、堪萨斯州和内布拉斯加州，是世界上龙卷风最集中的地方，这里对“风暴追逐者”们也很有吸引力。

藤田级数

风级	风速(千米/小时)	损害
F0	64~116	烟囱、树枝折断，浅根的树木被刮倒
F1	117~180	屋顶瓦片剥落，可移动房屋被吹动，汽车被刮动
F2	181~253	木质房屋的屋顶被掀翻，可移动房屋被摧毁，大树被折断或连根拔起，空气中飘浮着轻物
F3	254~332	砖房的屋顶被掀翻，火车被掀翻，大片的树木被连根拔起
F4	333~418	牢固的房屋被吹坏，汽车和其他大型物体被卷起
F5	419~512	房屋被卷起，汽车大小的物体被卷走 100 米 (330 英尺) 以上，钢筋混凝土建筑受损

致命龙卷风

据报道，美国每年约有 1000 次龙卷风，但伤亡人数在逐年下降。造成大量人员死亡的龙卷风主要发生在往年。现在有了更好的龙卷风预报和探测，通信手段也更快速，致命龙卷风已经少多了。

美国的致命龙卷风

名称	日期	遇袭的州镇	死亡人数（人）	受伤人数（人）
三州龙卷风	1925 年 3 月 18 日	密苏里州 / 伊利诺伊州 / 印第安纳州	695	2027
纳奇兹龙卷风	1840 年 5 月 7 日	路易斯安那州 / 密西西比州	317	109
圣路易斯龙卷风	1896 年 5 月 27 日	密苏里州 / 伊利诺伊州	255	1000
图珀洛龙卷风	1936 年 4 月 5 日	密西西比州	216	700
盖恩斯维尔龙卷风	1936 年 4 月 6 日	佐治亚州	203	1600
伍德沃德龙卷风	1947 年 4 月 9 日	得克萨斯州 / 俄克拉荷马州 / 堪萨斯州	181	970
阿米特 / 派恩 / 珀维斯龙卷风	1908 年 4 月 24 日	路易斯安那州 / 密西西比州	143	770
新里士满龙卷风	1899 年 6 月 12 日	威斯康星州	117	200
弗林特龙卷风	1953 年 6 月 8 日	密歇根州	115	844

（续）

名称	日期	遇袭的州镇	死亡人数（人）	受伤人数（人）
韦科龙卷风	1953 年 5 月 11 日	得克萨斯州	114	597

小知识 1915 年大本德龙卷风横扫了堪萨斯州部分地区，这场龙卷风留下的残骸稀奇古怪。波尼岩农场谷仓里的五匹马安然无恙地飞了 0.4 千米，还被拴在围栏上。

龙卷风日

1974 年 4 月 3 日，在 8 小时内，美国的 13 个州和加拿大的安大略省发生了几次毁灭性的龙卷风。仅在安大略省就有 9 人死亡，23 人严重受伤。经济损失达 10 亿美元。

上图：1973 年俄克拉荷马州遭受龙卷风，造成巨大破坏。

最大风速

1999 年 5 月 3 日，俄克拉荷马大学车载多普勒雷达装置记录了一场 F5 级龙卷风的风速为 512 千米 / 小时，离地面约 40 米。这是迄今为止记录的最高自然风速。

法国龙卷风

欧洲的毁灭性龙卷风并不常见于新闻，但在 1845 年 8 月 19 日，一场龙卷风摧毁了法国蒙维尔附近的房屋和工厂，造成多达 200 人死亡。这是欧洲最具破坏性的龙卷风灾害之一。

英国龙卷风

2005 年 7 月 28 日，英国有记录以来最强的龙卷风袭击了英格兰伯明翰的郊区。风速高达 210 千米 / 小时，树木被连根拔起，汽车也被卷入其中，造成多人受伤。

带电的龙卷风

1949 年 5 月 24 日，一股小龙卷风席卷了毛里求斯岛库雷普的一个黏土网球场，留下了一条长 18 米、宽 60 厘米、深约 100 毫米的浅沟。伴随着龙卷风的是一团亮光和噼里啪啦声。浅沟里发现了重量为 0.5 千克的土块，这些土块移动了 15 米远的距离。一个重 23 千克的裁判座椅，被抬到 18 米高的空中。这次龙卷风的成因依旧成谜。

龙卷风内部

几个幸存者观察到了龙卷风漏斗形状的内部，讲述了他们的故事。据描述，这是光影闪烁的一场电气秀，包含连续的闪电、明亮发光的云还有大火球等景象。圣艾尔摩之火出现在漏斗口附近，同时还伴有电活动的嗡嗡声和嗞嗞声。空气中常常弥漫着臭氧和一氧化二氮的气味。

沙尘暴

并不是所有的旋风规模都很大。1935 年著名杂志《自然》发表了一篇简报，其中描述了一种沙尘暴，这是一种旋转的沙柱，在空旷的地方快速移动，只有 1.5 米高，直径小于 30 厘米，以 24 千米 / 小时的速度移动。作者还回忆了一次卷着 2.54 厘米厚的沙子和植物碎片的风，只有 30 厘米高，但直径为 3.7

上图：一场沙尘暴穿过亚利桑那州的一块耕地。

米。旋风围绕着他旋转了大约三分钟，发出了“嗖嗖”声，然后慢慢消失了。在当地，这些微型的沙尘暴被认为是神灵，即恶魔或金妮（天方夜谭的精灵）。

2002 年 3 月，在蒙古国和中国北部的沙漠中形成了一场巨大的沙尘暴。沙尘席卷了中国东北部和俄罗斯东南部，造成了 40 年来最严重的沙尘暴。裹着沙尘暴的风随后向太平洋进发。

炽热的风

燃烧的圆筒：1869 年夏天，在田纳西州离阿什兰城 8 千米的一个农场里，一股炽热的风把沿途的一切都烧焦了。这个燃烧的圆筒以 8 千米 / 小时的速度行进，烧焦了树上的叶子，烧焦了在田野里觅食的马的鬃毛和尾巴。在去往农舍的途中，它首先点燃了一堆干草，然后点燃了木瓦，十分钟后整个农舍就被火焰包裹了。它最终到达了一条河，在那里加热河水，升起了一股蒸汽，直冲云霄，然后慢慢地熄灭了。超过 200 人见证了这个非凡的事件。

风中烟花：1881 年，在佐治亚州阿梅里克斯附近，一小股风在一片玉米地上空形成。它的直径大约是 1.5 米，高约 30 米，其中心被火照亮，并释放出一种奇怪的硫黄蒸汽。它偶尔会分裂成三朵更小的云。当这些云重新聚集在一起时，目击者听到一声巨响，伴随着噼啪声，然后整团东西冲上了天空。

小知识　1934 年 5 月 12 日，一场含有风沙侵蚀区表层土壤的黑色暴风雪给芝加哥带来了 1200 万吨的灰尘。

雷和闪电

神的力量

我们的祖先，曾把雷暴中封印的力量当作终极武器。北欧神话中的雷神索尔，挥舞着一把巨大而沉重的锤子，从天上降下闪电。不过，一般来说，人们会在经历了长时间的干旱之后或期盼代表生命之雨的雷雨降临时，供奉雷电之神。

雷声是什么？

巨大的雷声让古人印象深刻。其实这种声音的来源很简单，当闪电引起的冲击波加热周围的空气温度达到15000~20000℃，过热的空气膨胀，然后几乎以同样的速度收缩。这种快速而短暂的膨胀和收缩会产生一种声波，我们称之为雷声。

雷暴的形成

要形成雷暴，必须有三种要素：暖空气、水分和不稳定气团。当太阳加热地面时，或锋面气流通过使空气被推到高处时，或当气团从山的一侧向上移动时，暖空气都会上升。上升的湿空气冷却，水蒸气凝结形成棉花般的积云。在凝结过程中，潜热被释放出来，使更多的空气变暖，为凝结过程提供热量。上升气流带来了更多温暖潮湿的空气，导致高耸的云层穿过大气层，甚至上升到距地面 16 千米的平流层。强烈雷暴中的异常上升气流速度可超过 160 千米 / 小时。当雨水降下时，空气冷却，形成下沉气流。成熟的雷暴会有上升气流和下沉气流，它们会搅动气团，使雷暴变得更强。

雷电距我们有多远？

通过计算闪电和雷声之间的秒数，你可以非常粗略地计算出雷电离我们的距离。这是因为光以 299792.458 千米 / 秒的速度传播，声音以 1225 千米 / 小时（1 个标准大气压，15℃时）的速度传播，所以光的到达比声音的到达快得多。据说闪电和雷声到达时间每隔 3 秒钟就代表雷电距离我们 1 千米远。如果闪电和雷声同时出现，那么雷电就在头顶上。

风切变

积雨云内的上升和下沉气流相当剧烈，以至于气团方向

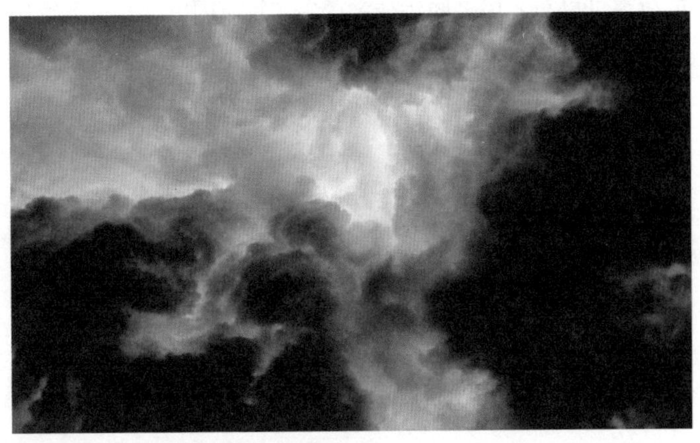

上图：雷暴云水分密度很大，所以非常暗。

的变化会发生在相对较短的距离内，垂直或水平方向都有可能发生。乱流是飞行员非常关心的问题。当飞机着陆或需要依靠逆风的抬升来保持其高度时，如果风突然发生向下的变向，如出现微暴流或下击暴流，将导致飞机坠向地面。

闪电的形成

积雨云的内部是快速移动的气团，里面充满了水和冰。上升气流和下沉气流裹着冰粒上下移动，像洋葱一样一层层地包裹越来越多的冰，形成冰雹。但是带静电的气流剧烈滚动，将水滴和冰雹猛烈地分裂开来。带正电荷的冰粒和水滴重量轻，会聚集在云层的顶部，而带负电荷的冰粒则聚集在云层的底部。正负电荷之间有着巨大的电压，会导致这些冰粒在云层中以剧烈的闪电（片状闪电或云内闪电）形式放电。电荷也可以在云层之间传播，产生“蜘蛛闪电”，在天空中的长度可达 145 千米。不过，地面是带正电荷的，所以当云层很高时，闪电到达地面比到达云层顶部的路径更短，由此会产生叉形或云地间的闪电。

小知识 每秒钟闪电会击中地面某处 100 次之多；在任意时刻，都会有 1800 次雷暴发生在地球某处。

通电

本杰明·富兰克林在试图了解闪电的本质时差点丧命。1752年，他和儿子威廉在宾夕法尼亚州费城的雷雨中放带有金属导线的风筝，金属导线的末端与钥匙相连。富兰克林正拿着线，突然闪电击中了风筝。电沿着导线流动，与之相连的钥匙上迸出火花。幸运的是，除了风筝被击中，他并没有受到更严重的伤害，随后他记录下了闪电就是一种电流。

刹那间

一道闪电的持续时间约为0.2秒。它始于一个梯级先导闪电，从云端蜿蜒而下。每一梯级大约45米长。因此，当先导闪电距离带正电的物体（如旗杆、树木、教堂尖顶或任何伸出其周围的物体）45米以内时，一股被称为流光的电流就会爬升上来与之接触。然后先导闪电和流光电流形成一个通

上图：延时摄影拍摄的多个云地间的闪电。

道，电流迅速上升引起闪光，称为下冲程。闪电本身并不比一枚硬币宽，但由于其亮度而显得更宽。

美国闪电高发区

闪电的发生频率并不是均一的。在美国，佛罗里达州中部的雷击最多，而靠近太平洋的西北部地区和夏威夷几乎没有雷击。在全美国范围内，多达 10000 起森林火灾是由闪电引起的，自 1940 年以来，闪电已造成 8316 人死亡。尽管天气预报和雷暴预警会提前发布警告，但美国平均每年仍有 363 人遭受雷击，80~90 人死亡。最危险的月份是七月，晚上 7 点半的危险程度比早上 9 点高 5 倍。

闪电不会连击两次，是这样吗?

2001 年 1 月 3 日，213 名犯人在返回赞比亚卡布韦监狱的路上，遭遇了一场严重的雷雨。第一道闪电将第一组人击倒在地，紧接着闪电又击中了另一组人。3 名囚犯被烧死，另有 17 人受了轻伤。

闪电球场

雷雨降临时，高尔夫球场可以说是最糟糕的地方之一了，因为周围最高的物体往往就是你自己。高尔夫传奇李·特雷维诺从被雷击的痛苦经历中深深体会到了这一点。1975 年 6 月 27 日，在芝加哥附近的西部公开赛上，一道闪电击中了附近的一个湖，又发生了反弹，击中了特雷维诺和另一名球员。

两人都被烧伤并接受了治疗，特雷维诺还因背部受伤接受了手术，这对他的脊椎造成了永久性的伤害。不过，他克服了这些问题，并继续赢得了更多的锦标赛。

将闪电引走

本杰明·富兰克林发明了避雷针。这种简易避雷针有一根突出在建筑物上方的尖杆，并通过一条铜带与埋在地下的一块大金属板相连接。闪电击中尖杆，沿铜带向下传导至地下。铜带可能发生气化，但建筑物将相对安全。这样，建筑物就有了一些防雷措施。

小知识 即便在很安静的环境下，能听到雷声的最远距离仅为 19 千米，但能看到闪电的最远距离为 160 千米。闪电的平均长度为 4.8 千米，电压为 1 亿伏特，电流 1 万安培。

球状闪电

球状闪电是一种罕见的现象，一般出现在一个叉形闪电击中地面后。这种闪电会产生一个紫色、红色、橙色或黄色的明亮发光的球，可以像网球甚至像篮球那么大，看起来像是漫无目的地飘浮在地面上。球状闪电持续时间仅仅几秒钟，然后会突然啪的一声消失。球状闪电通常被描述为球形，但也见过哑铃、圆柱和螺旋的形状。

厨房事故

根据《自然》杂志上的一篇简报，1976 年 8 月 8 日，英格兰中部斯梅斯威克附近的许多房屋被闪电击中。其中一所房子里的一位妇女正在厨房里做饭，突然一个直径 10 厘米、环绕着火焰色光环的蓝紫色球体出现在她的火炉上。球体离地高约 95 厘米，并向她移动过来。她感到了热量，同时闻到了烧焦的味道，听到了咔哒咔哒的声音。当球状闪电击中她时，砰的一声爆炸然后消失不见了。该妇女的手又红又肿，她感到戒指好像在灼烧她的手指。在被球状闪电撞击的衣服上出现了一个洞，她的腿又红又麻，但没有烧伤。

花园事故

1940 年 11 月 10 日，E. 马茨先生在英格兰考文垂的花园里干活时，突然被黑暗包围了。当他往下看时，发现了一个直径约 60 厘米的淡蓝绿色火球，它似乎是由“扭曲的一串串灯光”组成的。随后它升起并离开了，差点击中一棵白杨树。它照亮了附近 6 米外的房子，在 0.4 千米以外的地方降落，并爆炸。

苍蝇拍事故

1965 年 8 月 25 日，格林里夫妇和一位邻居坐在佛罗里达州邓内伦市自家的玻璃纤维天台上。格林里夫人刚刚拍死了一只苍蝇，突然一个球状闪电出现在她的面前。苍蝇拍边缘着火，掉在地板上，闪电“像霰弹枪一样”爆炸了。没有人受伤，院子的地板上也没有任何痕迹。

高空事故

1963 年 3 月 19 日，美国东方航空公司从纽约飞往华盛顿的 539 号航班遭遇雷暴，并突然被明亮而响亮的放电包围。几秒钟后，一个直径约 20 厘米的发光球体在驾驶舱出现，从过道上经过。这是一个像 5~10 瓦灯泡那样的蓝白色球状闪电。

上图：夜间雷暴期间的云地间放电。

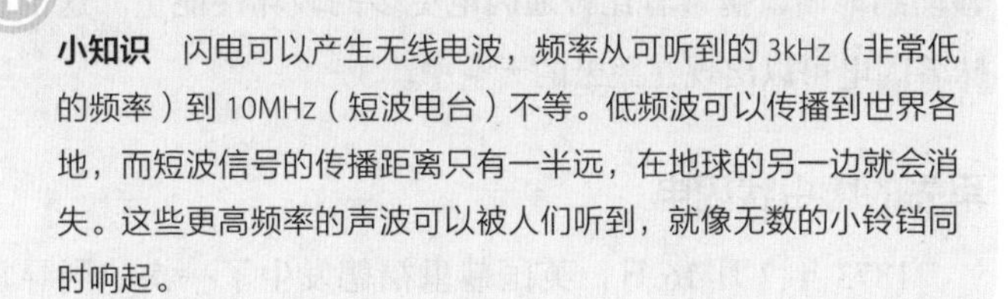

小知识 闪电可以产生无线电波，频率从可听到的 3kHz（非常低的频率）到 10MHz（短波电台）不等。低频波可以传播到世界各地，而短波信号的传播距离只有一半远，在地球的另一边就会消失。这些更高频率的声波可以被人们听到，就像无数的小铃铛同时响起。

天然的烟花

1926 年 7 月 22 日，一群学者在印度加尔各答上空观察到了很不寻常的闪电。天上有几朵雾蒙蒙的云，还能看到星星，他们每隔一分钟左右就能从低处的云上看到闪光。不过，每隔 3 分钟，会有一系列蓝色或黄色爆炸，伴随着紫色的发光轨迹，好像烟花一样从一定角度喷射到天空中……但它们并非烟花，爆炸的闪光非常高，也没有听到雷声。其原因仍是个谜。

红色精灵

新发现的红色精灵闪电跨越了雷暴顶部和电离层之间 65 千米的距离。它们看起来像有蓝色触须的红色水母，能产生强大的无线电辐射和伽马射线爆发。

爬虫状和巨人状闪电

跨越阵风线或锋面系统的闪电被称为爬虫状闪电或蜘蛛状闪电。雷达曾经探测到海拔 6100 米高空中的爬虫状闪电。它们可以水平移动 120 千米，从一朵云跳到另一朵云。如果它们最终击中地面，那将极其危险。闪电从雷云的顶部向下移动到地面，携带着比普通闪电更多的破坏性能量。这也意味着闪电可以出现在无云的天空中。

早先的爬虫状闪电

1873 年 7 月 16 日，英国赫里福德发生了一次非同寻常的闪电。暴风雨的距离大约在 8 千米外，一道闪电划过天空，擦过两座教堂的尖顶，击中了一所比周围建筑低得多的小房子。1926 年 7 月 23 日，美国印第安纳州布卢明顿附近也发生了同样的现象，当时 5 千米外的一场暴风雨释放出一道闪电，对当地人来说，就像晴天霹雳。目击者称闪电击中了一座小房子。两名儿童在雷击中丧生。那时候没人知道原因，但今天我们可以确定这些雷击的来源就是爬虫状闪电。

上图： 赫斯博士发现橡树比其他任何树种更容易被闪电击中。

给闪电拍照

1786 年，本杰明·富兰克林在法国科学院描述了第一个被证实的闪电影像案例。他讲述了一个人站在被闪电击中的树对面，后来在他的胸前发现了这棵树的复写影像。还有一个案例，1853 年的《纽约商业杂志》记述，一个小女孩站在一棵枫树旁敞开的窗户前。闪电过后，人们在她的身上也发现了那棵树的影像。

哪些树木容易被闪电击中?

1907 年，英国皇家气象学会公布了一项研究结果，这项研究是在 1874 年至 1890 年进行的。赫斯博士在研究中记录了被闪电击中最严重的树木类型。

研究表明，虽然所有的树木都可能被闪电击中，但橡树和其他深根树种被闪电击中的概率更高。这可能是因为，深根是更好的导体，可以将雷电导入潮湿的泥土中。

生命，地貌和气候

动物预报员

鲨鱼有第六感，鸟类能感知地球磁场，但一般来说，动物和我们的基本感觉是一样的。不同的是，它们能够识别我们“看不见”的东西。人类在现代的、温暖的“洞穴”里受到庇护，而动物则必须适应它们的生存环境；它们的生存依赖于对天气的感知，所以动物可以预测天气，至少可以预测短期的天气。

庞斯塔维尼 · 菲尔

来自宾夕法尼亚州的菲尔是世界上最著名的天气预报员。它并非人类，而是一只土拨鼠。据称，如果这只土拨鼠在 2 月 2 日，也就是土拨鼠日，从它在高布洛丘的洞穴里钻出来，并且能看到它自己的影子，那么冬天还会再持续 6 个星期。到目前为止，已经连续 6 年看见它的影子了。这一传统起源于一个节日——圣烛节，在苏格兰，人们常说：“如果圣烛节是晴朗的，一年就会有两个冬天。”在英格兰，人们常说：“如果圣烛节是晴朗的，冬天又会来临；如果圣烛节带来风雨，冬天就不会再来。”

猫的皮毛

据说，如果猫舔自己，天气可能会变好，这种说法是有道理的。天气好的时候，特别是在冬天，相对湿度较低，当猫蹭过家里的物品时，它的皮毛就会产生静电。当它舔自己的时候，可以润润皮毛，这样电荷就无法形成。由此产生了这样的说法："如果猫在洗脸，还洗到了它的耳朵，这便是天气晴朗的信号。"

停飞的鸟类

鸟类的遗传基因决定了它们能够感知气压的变化，若临近出现低压系统，它们将随之减少活动。鸟类在低压环境下比在高压环境下栖息的时间更长，次数也更多。许多鸟会静观风暴，在飓风来临之前可以看到成群的海鸟栖息。这是因为，低压系统中较低的空气密度会使飞行更加困难，而且由于天气温暖，缺乏上升气流，也会阻碍较大的鸟类飞行。这就佐证了某些谚语："海鸥，海鸥，栖息在沙滩上；当你在附近的时候，这是下雨的迹象"。

全天候奶牛

牛似乎对它们所处的天气了如指掌。在欧洲，天气好时牛往往站着，但在坏天气临近时牛却会躺下。如果一半牛站着，一半牛躺着，那么这就是阵雨。奶牛也会站着，尾巴顶着风，通过这种方式，它们可以看到前方的危险，并闻到捕食者从后面靠近时的气味。在美国新英格兰地区，这种行为产生了天气谚语："奶牛尾巴朝向西，天气最好；奶牛尾巴朝向东，天气就不太好。"在北美洲东海岸，这是有一定道理的，因为来自大西洋的东风常常带来雨水，而来自大陆的西风则是干燥的。

小知识 燕子、雨燕和紫崖燕等靠翅膀捕捉昆虫的鸟类，会追随那些“空中浮游生物”，这些微小的飞虫被从地面升起的暖空气卷到高空中。在恶劣的天气里，昆虫会飞得离地面更近，所以鸟儿也会随之飞得更低。

昆虫温度计

蟋蟀等鸣虫是很好用的温度计。在交配季节，雄性蟋蟀通过摩擦翅膀发出唧唧声，当天气变暖时，它们会加快鸣叫的速度。相反，如果天气寒冷，它们的鸣叫就会减速。事实上，可以基于蟋蟀鸣叫，利用简单公式计算出实际的空气温度。计算 15 秒内蟋蟀鸣叫的次数，再加上 40，就可以得到大概的华氏温度。

蚊子的叮咬

在下雨前，蚊子会更加频繁地叮咬。当空气潮湿时，飞行会消耗更多的能量，所以飞行的昆虫会降落在任何东西上，也包括人类。当低气压来临时，你可能会吸引蚊子，因为这时你的体味会更重。如果此时一只蚊子落在你身上，它通常会咬你。

上图：绿丛螽斯是所有鸣虫中叫声最大的种类之一，它也是生活在北欧最大的昆虫之一。

蚂蚁狂潮

夏天，当花园里的蚂蚁成群结队时，雷雨就要来了。在英国，七月是蚁后和雄蚁乘着上升暖气流飞上天空交配的月份。各种各样的鸟类，包括通常并不捕虫的海鸥，也会加入到这场战斗中。虽然它们可能不像燕子和雨燕那样善于捕捉昆虫，但它们确实也能在这场飞行中吃个饱。

鲨鱼的感官

鲨鱼拥有着令军事潜艇设计者羡慕不已的传感器，其中之一可能是拥有感知水中压力变化的侧线器，能够探测到大气压力的巨大变化。如果气压计像飓风来临前那样急剧下降，鲨鱼就会从海水极其湍急的海岸游向深水区，在那里安然度过风暴。

乔伊的学问

澳大利亚当地人称袋鼠宝宝为乔伊，如果天要下雨，它就会躲到妈妈的育儿袋里。更让人吃惊的是，袋鼠妈妈能在漫长而炎热的干旱期，将未出生的胚胎保存在一种休眠状态中，然后在雨季到来之时让这些胚胎复活，这时草木茂盛、食物充足，袋鼠妈妈和宝宝便有了充裕的食物。

小知识 有记录以来最长的休眠时间纪录由一个细菌保持，这个细菌被困在多米尼加琥珀中的蜜蜂的肠道里，存活了 2000 万 ~ 4000 万年，而后苏醒。

极度炎热

当气温飙升、干旱期即将延长时，一些动物会选择躲避，这一过程被称为夏眠。此时，它们放慢心率和呼吸，不再需要那么多的食物和水，这些动物不动、不生长、也不吃东西。例如，沙漠里的爬行动物在夏眠时消耗的能量要比正常活动时少 90%~95%。肺鱼可以夏眠长达几年之久，它们把自己埋在湖中的泥里，当湖水干涸，它们就留在这个泥泞的泥土保护壳里，直到湖再次被水充满。

极度寒冷

当气温下降、食物匮乏时，生存的一种方法就是退居到安全的地方，同时尽量少消耗能量，这就是所谓的冬眠。有些动物进入深度冬眠后，看上去就像死了一样。北美花栗鼠和地松鼠是真正的深度冬眠动物，当它们冬眠的时候，体温可下降到4℃以下，若有危险来临，它们很难做出及时的应对反应。然而，许多冬眠的动物并非“睡”过整个冬天，而是醒来后用“发抖”的方式稍稍提高体温，甚至在天气温和的时候会出去觅食，然后再度“睡觉”。

长期冬眠

冬眠时间最长的动物有冬眠8个月的土拨鼠和冬眠7~8个月的贝尔丁的地松鼠。美国西南部的地松鼠为躲避酷暑在夏天夏眠，有时候秋天也不出来，甚至直接进入冬眠。

冬天会躲起来的昆虫

昆虫是冷血动物，如果它们正常过冬，就会受到严重的伤害，所以大多数昆虫都不会这样做。这些昆虫躲在腐烂的木头里、落叶下、树皮下，甚至房子里。昆虫的生命周期分为四个阶段——卵、幼虫、若虫和成虫——它们不冬眠，而是在冬季休眠，这就是所谓的滞育。在它们的生命周期中，冬天休眠是暂时的停止，一些保持在幼虫状态过冬，另一些作为蛹，在第二年春天蜕变成成虫。群居昆虫，如黄蜂，在秋天牺牲了整个蜂群，只有新的蜂后熬过了冬天，并在春天发展出新的蜂群。

上图：一只蜂后在潮湿的木头中休眠。

冬眠的熊

熊也是超级冬眠动物。由于生活的纬度和海拔不同，它们可以像墨西哥的黑熊那样冬眠几天，也可以像阿拉斯加的灰熊那样冬眠 6 个多月。

夏天胖：熊在冬眠时的体温高于31℃，比较接近活跃状态时的体温37.7℃。如果熊在窝里受到惊扰，它会立即做出反应。在夏天，熊积攒了厚厚的身体脂肪，再加上它的皮毛，能够很好地保存热量。

冬天瘦：与其他冬眠动物不同，熊在冬眠期间不吃、不喝、不排泄。身体产生的废物都会被回收利用。例如，脂肪代谢时产生的尿素被分解，释放的氮被用来制造更多的蛋白质。因此，虽然熊在冬眠时减少了体内脂肪，但它们的去脂体重可能会增加。不过，总的来说，它们在冬眠期间确实会减轻15%~30%的体重。

迁徙

除了停止活动和躲避天气，动物生存的另一种选择是暂时搬到条件更舒适的地方。许多动物可以从世界的一个地方迁徙到另一个地方，也就是从一种气候迁徙到另一种气候，从严酷的冬天、食物或使用水的匮乏中逃离。这种运动不仅有从北向南的，比如雪雁在北极繁殖，但冬季会飞往墨西哥湾附近；也有从东向西的，比如帕劳湖群中的水母，会跟随太阳移动而迁徙；甚至还有从上到下的，夏天的山鹌鹑在山上度过，而冬天则会去幽静的山谷里。

鸟类迁徙

鸟类的迁徙最为明显。需要从夏季的繁殖地搬到冬季的筑巢地的时节到来，白昼时间缩短和气温下降就是它们离开的信号。迁徙可以发生在任何时间，但大多数迁徙发生在春

小知识 1998 年 10 月 25 日，佛罗里达州的鸟类学家追踪到一只游隼改变了航向，从而避免了遭遇飓风米奇。这是人类第一次观察到鸟类在显著的天气变化前做出有效的反应。

秋两季。在温带地区，候鸟在迁徙期间的数量会随天气的变化而变化。鸟类似乎能够预测将要发生的事情。人们发现，鸽子对微小的气压变化非常敏感，这将使它们清楚地知道前方面临的情况。

随风而动

鸟类倾向于在有顺风或只有轻微的逆风时飞行，它们不会在强烈逆风时飞行。在风的引导下，它们有时也会走错方向，从而不得不改变路线。如果它们遇到强烈的、不合时宜的风，甚至可能会进行反向迁徙，并沿着原来的路线返回。

高空飞行的天鹅

1967 年 12 月 9 日，一队有 30 只大天鹅的族群从冰岛起飞，它们迅速爬升到了 8230 米的高度，一名商业航空公司的飞行员在外赫布里底群岛上空发现了它们，北爱尔兰的民用空中交通管制雷达也证实了这一高度。这群天鹅以 139 千米 / 小时的地面速度，在平流层较低的一个高压脊上，乘着急流，一路抵达了目的地——北爱尔兰的福伊尔湖。在这个高度，大气压力只有地表的三分之一，氧气浓度减少了 40%，空气也极度寒冷，约为 –48℃，这真是了不起的飞行。

热气流旅行家

鹰、隼和秃鹫在迁徙时会利用上升的热气流，在不消耗能量的情况下也可以抬升高度。据估计，宽翅鹰仅仅飞 5 天就会用尽它们迁徙前 100 克的脂肪负荷，但是如果借助上升热气流抬升，而后向下滑行，这些储存的脂肪可以维持 20 天，足够支撑它们从中美洲和南美洲到北美洲的春季旅行。

蝗虫群

蝗虫乘暖风飞行，这种暖风来自低压和锋面系统。如果它们携带了足够的脂肪储备，在日落之时起飞，此时温度高

上图：在埃塞俄比亚的科伦，一群密集的沙漠蝗虫。

于 20℃，它们就能在高层风的裹挟下，来到 500 千米之外的地方。这里有着被雨水浇灌的土地、丰茂的植被和充足的食物。当绿色植物被吃完且飞行条件有利时，它们会再次前行。但这一策略也有缺陷，在澳大利亚中部，成群的蝗虫最终被困在了干涸的盐湖床中间，大西洋也会困住来自西非的蝗虫。

蝗群横渡海洋

大约 200 万 ~300 万年前，西非的一大群蝗虫被高空风席卷，然后被带到了大西洋对岸的美洲。在这里，它们进化成几种不同的蝗虫物种，如今这些后裔在北美洲肆虐。1998 年 10 月，也有一群蝗虫经历了同样的旅程，从非洲来到了加勒比海。

植物预报员

繁缕、蒲公英、旋花、野青树、三叶草和郁金香都会在下雨前合拢花朵。海绿的预报也非常精确。当相对湿度达到 80% 时，它就会闭合花朵，于是就有了这样的歌谣：“海绿，海绿，告诉我真相；天气好不好，不用想，不必说，这就是海绿的功劳。”一旦出现下雨或有雾的迹象时，海绿的花朵就会闭合以保持花粉干燥，当湿度下降时，它们又会重新开放。

真菌和藻类

在温暖潮湿的天气里，蘑菇通常会长得更快，而暴露在海边的海藻会在高湿度的下雨天之前膨胀。

适应天气

植物的叶子能适应它们所处的气候。例如，在热带雨林中，树木有宽大的叶子，叶子的尖端形状像喷嘴，这使得雨水可以很容易地流走。在干燥的环境中，像仙人掌这样的植物只能长刺来避免水分的流失。针叶树也有尖锐的叶子，可以在寒冷的气候中保存水分。草类有管状的叶子，以减少在大风中的水分流失。生长在多风环境中的植物通常会发育不良，而且在茎的背风侧会长有特别强的应力木来帮助植物保持直立。

风化作用

受天气影响的不仅仅是自然界的植物和动物，岩石和矿物质在风、雨、雪和冰的作用下也会因为风化作用被分解破坏。可能以机械或化学风化的形式呈现。

机械风化

冻裂作用：水在岩石的裂缝和缝隙中冻结，发生冻融循环，使裂隙变宽。当水结冰时，体积会膨胀 8%~11%，其结果是在岩石中形成微裂缝、裂缝、剥落和层裂（裂解）。

热膨胀：岩石中不同的矿物质以不同的速度膨胀和收缩。深色矿物质比浅色矿物质更容易吸收热量。白天太阳不均匀的加热和晚上的冷却会产生应力，从而造成断裂和剥落。

润湿和干燥：岩石吸水或变干时，会膨胀或收缩。其内应力也会导致剥落。

化学风化

水以雨和雾（也包括河流和海洋）的形式，形成化学风化作用。化学风化是通过溶解或氧化矿物质来改变地貌，类似生锈。

风化的后果

新罕布什尔州的“山中老人”是一个12米高的花岗岩岩层，纳撒尼尔·霍桑的童话故事《人面巨石》的灵感就来源于此。它也是美国的象征之一，会出现在硬币和纪念品上。然而，在2003年5月3日，其底部严重的风化作用导致了它的坍塌。

气象能源

风电机组

有些人认为风力发电场是对自然景观的破坏，但几个世纪以来，我们一直在探寻利用风能的方法。如果风能被直接用作机械能，使磨刀石或水泵运转，这就是风车。如果风能被转换成电能，那么这就是风力发电机。

最早的风车

世界上最早的风车出现在公元前 7 世纪，用于碾磨谷物。中国也有类似原理的风车，其历史可追溯到 13 世纪。欧洲最早的风车出现在 12 世纪的巴黎，它是固定不能移动的，无法适应风向变化。后来，可移动的风车出现了，风车成为磨坊里的重要动力，用于脱粒，在防洪或灌溉系统中用来推动阿基米德螺旋泵。

荷兰风车

在欧洲的低地国家，风车从 14 世纪起就扮演着重要角色。以荷兰为例，风车可以用来驱动水泵，从而抽干海平面以下的水，由此

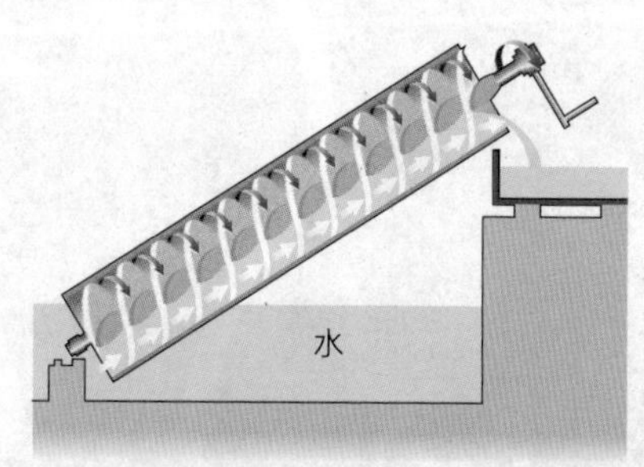

上图：阿基米德螺旋泵通过一套简单而有效的气缸和螺杆构造将水吸到高处。

小知识 第一座用于发电的风车是 1890 年在丹麦建造的。

获得新的土地。简·里瓦特在 1607 年进行了第一次排水作业，但是当时使用的阿基米德螺旋泵无法将水输送到很远的地方，为此，他建造了成排的磨坊，来把水抽到更高的蓄水池，最后排入河中。三排磨坊在当地被称为 molendriegangen，四排磨坊为 molenviergangen。保存最完好的风车位于荷兰的金德代克。

西部大开发

在美国，风车的主要用途是从深井抽水。多年来，美国北部的一大景观是木制或金属格栅塔，每个塔顶都有一个多叶片的木制涡轮。大量的叶片缓慢转动，弱风下工作良好，强风中也可以自我调节。有了这种装置，可以把水从深达 366 米的井中抽取上来。

现代风力发电机

根据传动装置和涡轮的位置进行分类：

水平轴风力发电机：老式风车和美国农场的风力塔都是这种类型，也是现代风力发电场选择的类型。传动轴和发电机在塔顶，工作时必须指向风向。现代涡轮机通常为三叶式，叶片被加固以防止它们撞到塔上。它们由计算机控制的继动器定位，面向风向。

上图：华盛顿州瓦拉瓦拉附近的风力发电场。

垂直轴风力发电机：这种涡轮机的主转子轴是垂直运转的，发电机和变速箱靠近地面。这种装置无须指向风向。主要有三种类型：类似打蛋器的达里厄斯风力发电机；具有可变螺距垂直叶片的吉罗米尔风力发电机；还有萨沃纽斯风力涡轮机，它有两三个勺子，就像风速计。

巨型风电机组

佛蒙特州的纽帽山，是世界上第一台兆瓦级风电机组的所在地。它于 1941 年接入了当地的电网系统。1.25 兆瓦的发电机一直工作了 1100 个小时，直到它的一个叶片断裂。

世界最大的风电机组是在德国北部——埃纳康公司生产的 E112 型风电机组，186 米高，转子直径 114 米，提供 6 兆瓦电力；瑞能公司的 5M 风电机组，183 米高，转子直径 126 米，提供 5 兆瓦电力。埃纳康公司的一个小型风电机组为澳大利亚位于南极的莫森湾研究站提供动力。

小知识 目前，海拔最高的风电机组位于瑞士安德马特附近的古奇山上，海拔是 2300 米。

直接来自太阳的能量

我们的生存依赖于太阳。植物在光合作用中利用太阳的能量来产生化学能，这不仅是地球上所有生物的基础，也是石油、煤炭和泥煤等化石燃料的基础，这些化石燃料是在过去的地质时期中产生的。然而，我们并没有接收到所有到达地球的太阳能量。大气层吸收了大约 19%，而云和其他气溶胶将 35% 反射回了太空，剩余的太阳能才会到达地球表面。

太阳能设计

有效利用太阳不是什么新鲜事。古希腊和古罗马人以及北美洲西南部的普韦布洛村民和南美洲的印加人就曾在他们的住所中加入了利用太阳能的设计。到了近代，第一个有太阳能设计特色的房子是在德国鲁尔地区建造的。而建筑师乔治 · F. 凯克为 1933 年芝加哥的世博会建造了一座玻璃屋，当太阳出来时，他感受到玻璃屋明显变暖了。之后，他开始在普通建筑中，往墙上安装更多的窗户，到了 1940 年，他掌握了足够的太阳能设计知识，为房地产开发商霍华德 · 斯隆建造了一座完整的太阳能房屋。不过，直到 1973 年的石油危机，他的成就才引起公众的注意。

特隆布墙

特隆布墙是一种面朝太阳的墙，由石头、混凝土、灰质黏土或由水箱建造，可以储存热量。它的隔热层和通风口之间有一个空间。整个结构形成了一个巨大的太阳能集热器。1964年，工程师菲利克斯·特隆布和建筑师雅克·米歇尔开始使用这项专利，之后它逐渐开始流行起来。阳光透过双层玻璃窗照射进来，温暖了后面的墙壁。顶部的通风口和底部的气隙管道将热量输送到建筑内部。

获取太阳能

如今，我们有各种方法来获取太阳的能量。

太阳能电池：又叫光电池，它们能将阳光直接转化为电能。太阳能电池最初是为太空中的卫星提供动力而开发的，但现在也被应用于计算器、太阳能充电设备和带照明的交通信号标志等日常设备中。

光吸收：太阳能电池依赖于硅的吸光性能，硅有三种类型：单晶硅，由高纯度的晶棒切割而来的薄晶片制成；多晶硅，由熔化的硅块锯成薄片制成；无定形硅，由超薄的硅薄膜制成。另外，砷化镓也可用于太阳能电池。

太阳能热水器：用太阳的热量加热装在玻璃嵌板里的水。太阳能热水器通常被放置在屋顶上，水通过嵌板中的管道被抽走，然后由太阳加热。这些管道被漆成黑色，以吸收更多的太阳能，并接入到建筑内的中央供暖系统或水供暖系统。通过

上图：法国的奥德罗炉

这种方式，太阳能加热嵌板节省了住户花在电力或能源账单上的钱。在北欧，15%~25% 的家庭供暖能源来自太阳能装置。

太阳能炉：在法国奥德罗，矗立着一座巨大的建筑，里面有大量的镜子，就像巨大的、闪亮的“好莱坞碗”。由 63 面镜子组成的阵列（在上图中没有显示出来）自动跟踪太阳的运动，将太阳光反射到抛物线型的镜阵主墙上。然后，这些镜子将太阳光聚焦到位于中心塔内的太阳能炉上。这个狭小空间可升温到 3300℃。奥德罗炉是为了科学实验建造的。

斯特林装置

抛物面反射器是一排排平面镜的替代物。它将太阳光线聚焦到碟形容器上方的一点，在那里热量收集器捕获热量并将其转化为可用的机械能。这种转化是由斯特林发动机或热空气发动机实现的，当然，利用涡轮发电的蒸汽发动机也可以做到。1816 年，罗伯特・斯特林在他哥哥詹姆斯的帮助下发明了斯特林发动机。

α－氢太阳能

对于未来如何收集太阳能，欧洲人有一个想法，将薄而柔韧的太阳能电池板与日常织物结合在一起。太阳能电池板可以织进衣服里，为手机充电。帐篷的外帐可以在白天为太阳能电池板充电，在夜间为露营者提供照明。参与 α－氢太阳能试点项目的科学家们估计，只需要一块像信纸那么大的面板，就可以在乡间漫步的同时，为手机充电了。

小知识　一块面积仅为 1 平方米的太阳能电池板就能点亮一个 100 瓦的灯泡。如果面积为 900 万平方千米无人居住的撒哈拉沙漠被太阳能电池板覆盖，它所产生的能源将超过目前全世界能源需求的 50 倍。

太阳能塔

关于未来的另一个设想是太阳能塔。太阳能塔由一个巨大的圆形温室组成，其中心有一个高高的空心塔。原理很简单，温室里的空气被加热，热空气在安装有涡轮机的塔内迅速上升。太阳能塔将适用于阳光充足、空间充足的国家，比如澳大利亚。不过，要取代一座 2000 兆瓦的火力发电站，就需要建造 10 座这样的太阳能塔——但如果成功的话，仅这座太阳能塔就意味着每年能够减少 1400 万吨温室气体进入大气。

和大多数想法一样，太阳能塔的构想也并不新鲜。建筑师将尖塔设计成太阳能烟囱，1931 年，德国作家汉斯・冈瑟在一本书中描述了太阳能烟囱发电站。从 1975 年，罗伯特・E. 鲁塞尔申请了一个工作设备的专利，到 1982 年至 1989 年间，一个德国设计的太阳能烟囱模型在西班牙马德里南部的曼萨纳雷斯竖立起来。这个烟囱，或者说是烟囱塔，直径 10 米，高 195 米，温室占地约 4.6 万平方米，它的最大输出功率为 50 千瓦。

太阳能塔的一个变体是能源塔。能源塔在垂直空间中以同样的原理利用自然热力，但不同之处在于水是在塔顶喷洒的。热空气使水蒸发，在这个过程中热空气迅速冷却，因此密度比外面的空气更大。塔内稠密的气团向下坠落，推动底部的涡轮机。

太阳能池

这是一种获取太阳能的落后方法。池塘里有三层水，一层是含盐量较低的水，一层是含盐量较高的水，中间层为绝热梯度带，含盐量随深度增加而增加。这有助于将热量储存在较低的一层，同时热量也可以从那里被抽出来。2002 年 8 月 14 日早上六点，得克萨斯州埃尔帕索的太阳能池底层温度是 62℃。

太阳能灶

1767 年，瑞士物理学家兼高山旅行家霍勒西・本尼迪克特·德·索绪尔（1740—1799）设计发明了一种简单而又相对便宜的太阳能灶，可以在晴朗的日子里烹饪食物。太阳能灶的现代版本是一个绝缘的盒子，有一个透明的顶部和一个反光的盖子。盒子里的烹饪容器是深色的，内胆可以反光。太阳能灶的温度可超过 50℃，虽然这种灶具不像标准的热烤箱那么热，但适用于烹饪需要长时间慢煮的食物。

一个类似的发明是太阳能电池板锅，它由反射板组成，将太阳光线聚焦在一个黑色的锅内，包在一个透明的耐热塑料袋里。

太阳能灯

除了用电灯照亮建筑物内部，另一种选择是通过与屋顶抛物面反射器相连的光纤光管将阳光从室外引入室内。这种灯提供的光线更加自然。

海洋热能转换

这是一种利用海水温差的方法，被太阳加热的海洋表层海水较暖而深层的海水较冷。当热量从一层流向另一层时，两层之间的热力发电机会将一部分热量转化为可用的能量。在赤道两侧南北回归线之间的热带地区，两层海水之间的温差是 20℃，如此小的差异使能源开采变得很困难。不过，科学家们仍在继续研究这一过程，因为浩瀚的海洋占地球表面积的约 70%，潜力十分巨大。

全球气候变化

气候变化

地球自诞生之初便一直遵循着冷热交替的自然循环。这种冷热变化可能持续短短数年，也可能达上百万年之久。例如全球变暖，从恐龙称霸世界的侏罗纪早期就开始发生了，距今约 1.8 亿年。全球平均气温上升了 5~10℃。从地质学角度来看，在不远的过去，地球正处于冰川期。尽管从学术角度看，我们正处在间冰期，但有些气象学家相信我们仍在经历这个冰川期的末期。

上图：位于阿根廷巴塔哥尼亚的冰山正在崩解。

融化中的雪球地球

5.5 亿年前发生的温室效应打破了雪球地球的严寒局面。此前，地球已经历了冰川作用最为剧烈的一段时期，海洋结冰的冰层厚度达 2 千米之深。岩石通常有封存二氧化碳的作用，但由于遭冰雪掩埋，致使当时的二氧化碳含量升至今日的 350 倍。高含量的二氧化碳导致了温室效应，全球平均气温上升了 50℃以上，全球冰盖融化。

地球正在变暖……这是为什么呢?

如今，气候变化对大多数人来说含义相同，因为每个人都把全球变暖挂在嘴边……但全球变暖是真是假？联合国政府间气候变化专门委员会及世界各国权威专家一致认为：自 19 世纪以来，全球平均气温上升了 0.4~0.8℃；并且，在过去的 50 年间，主要是人类活动引起的全球变暖。

专家预测，到 2100 年全球气温将上升 1.5~5.8℃。这将导致：

海平面上升：世界范围内降水量发生剧烈变化，许多地势低洼的岛国将被淹没，世界上四分之三的人口将遭遇旱灾或洪水的威胁。

饥荒：农作物产量将耗尽。有预测称在 2050 年之际，将有 3000 万人口由于气候变化而面临饥饿。

物种灭绝：超过 100 万种动植物灭绝。为评估气候变化对野生动植物的影响，科学家们在全球 6 个生物多样性丰富的地区进行研究，预计有1103个物种分布于此。载入联合国政府间气候变化专门委员会的数据，使用计算机模型模拟后，科学家们发现到2050年将有多达37%的物种灭绝。

气候变化的定义

全球变暖： 全球变暖是指大气和海洋平均温度的上升。现在，它也受到来自人类活动的影响，比如燃烧化石燃料为生活供暖和为工业生产提供能源。

温室效应： 地球像温室一样。大气含有二氧化碳等气体，这些气体就像温室的玻璃——阳光能进入但热量难以逸散。所以与温室气体不存在的情况相比，地表温度要高出30~33℃。这要归因于化石燃料燃烧和森林面积减少所引起的二氧化碳富集。

温室气体： 天然温室气体包括水蒸气、二氧化碳、甲烷、氧化亚氮和氟氯化碳，以及各种氟乙烷、氟甲烷和氟化物。温室气体的影响难以量化，据说水蒸气对温室效应的贡献达到了三分之二，而二氧化碳则起到了3%~7%的影响。

神话还是现实?

一部分科学家认为，气候变化的威胁被夸大了，我们正在经历的不过是漫长的气候周期中一段不舒适的时期，可能是由于诸如地球轨道摆动等原因造成的。天体物理学家主张，地球的冷热循环，包括现在的变暖周期，是由于自然的太阳活动振荡引起的。地球曾经经历过其他的变暖时期，在2.51

亿年前，经过西伯利亚地区一系列的大规模火山爆发，大量的二氧化碳排放到大气中，带来了一段气候变暖期，有人认为这就是恐龙灭绝的原因。

二氧化碳

我们呼出的气体，也是植物和藻类光合作用所利用的气体。在没有大干扰的前提下，地球会保持自然的大气气体平衡，对于生物产生的二氧化碳，茂密森林中的树木以及海洋中的浮游植物会充当缓冲的“水槽”。然而，当大型火山喷发或人类大规模燃烧化石燃料时，这种平衡将遭到破坏。

甲烷

甲烷水合物是更强效的温室气体。它存储在海洋沉积物和极地冻土中，并能够大量释放。如此大的排放量可能导致了5500万年前气温的迅速上升和随之而来的生物灭绝。

全球范围内，畜牧业、天然气、稻田、垃圾填埋场、燃烧汽油和使用及开采煤炭等，每年向大气中排放4.5亿吨甲烷。

大气中的甲烷，很大一部分来自奶牛。巴西和印度拥有世界上最大规模的牛群，由此也比其他国家排放了更多的甲烷。例如，巴西的1.6亿头牛产生了该国甲烷总排放量的30%。

移动的洋流

从赤道到两极的热量传输，不仅通过大气层，也会通过洋流。温暖的海水在表面流动，寒冷的海水则在深层流动。墨西哥湾暖流就是这个循环的一部分，它将温暖的海水从加勒比海向北输送；此循环的另一分支为北大西洋暖流，它使欧洲西北部的海水升温。

北大西洋暖流的蒸发使海水盐度升高，温度降低。较冷的海水下沉并向南回流。全球变暖以及随之而来的格陵兰冰盖和冰川融化，可能会打破冷暖洋流的循环，破坏墨西哥湾暖流，导致北欧温度严重下降。

小知识 世界范围内，涉及燃烧化石燃料的一切，如火力发电站、汽车尾气和工厂等——每年向大气中排放 2200 万吨二氧化碳和其他温室气体。

回顾

为了比较当前以及往年的气温和大气组成变化，科学家从以下几方面入手：

年轮：记录树木每年的生长情况，也能反映一年中天气的变化。可以通过年轮来了解 2000 年前的天气。宽年轮表示天气温暖有助于生长；窄年轮表明天气寒冷。

冰核样本：从冰川和冰原上钻取的样本，揭示了冰形成时的气候，可以反映出 10 万年前的气候。冰中的小气泡如同微小的“时间胶囊”，可以进行取样和分析。这些样本表明，在冰河时代，大气中的二氧化碳比现在少。

琥珀：针叶树木的树脂化石经常含有被困住的昆虫、植物和气泡。琥珀保存了能揭示以往气候的样本。

证据

自 1750 年以来，工业革命之前，二氧化碳的浓度增加了 31%。同时期，甲烷的排放量增加了 149%。冰核取样表明，这是 65 万年以来的最高增长，地质证据表明，上一次这样的增长量出现在约 4000 万年前。那段时期恰好在始新世期间，牧草植物和偶蹄目动物迅速进化。偶蹄目正是包括奶牛在内的动物群体！

小知识 1816 年印度尼西亚坦博拉火山爆发期间，灰尘和火山气体喷涌到大气中，造成了“无夏之年”。

寒冷年

大规模的火山喷发，如喀拉喀托火山和坦博拉火山爆发，将火山灰和含硫气体喷射到 32 千米高的平流层中，并将它们带到世界各地，导致大气层冷却。硫酸盐与水结合形成含硫酸的水滴，将阳光从地表反射出去。近年来，1982 年墨西哥埃尔奇琼火山和 1991 年菲律宾皮纳图博火山喷发使气温在几年内下降了 0.6℃。

炎热年

WMO 利用包括美国国家海洋和大气管理局、英国气象局哈德莱中心等多个机构的数据分析得出，2016 年全球平均气温比 2015 年高约 0.07℃，高出工业化时代之前水平约 1.1℃。2016 年是全球气候充满极端状况的一年，成为有记录以来最热的一年。

城市热岛效应

村庄、城镇和城市比周围的农村地区要暖和得多，城镇化规划扩大，平均气温也随之升高。这种现象被称为城市热岛效应，酷暑时分，城市温度可能比附近的乡村高 1~6℃。这也意味着，城市的下风方向 32~64 千米处的降雨量可能增加 28%。多种原因导致了这样的现象。混凝土和沥青这样的建筑材料取代了植被，更能贮存热量。汽车、空调设备和工业产生热量，高度污染也会引发当地的温室效应。

冷暖城市

在炎热的气候下，热岛效应是城市面临的难题，尤其是在夏天，老人和儿童处于过热致死的风险中。热岛效应也会影响经济——据报道，洛杉矶每年要额外消耗 1 亿美元的能源来驱动空调和制冷设备；与此同时，气候较冷的芝加哥则受益于冬季的热岛效应。

小知识 1820年，英国气象学家兼药剂师卢克·霍华德（1772—1864）首次记录了城市热岛效应。在他的《伦敦气候》一书中，他记述说伦敦夜晚的市中心比乡村地区高3.7℃。他把气温的差异归因于城市里为了保暖而使用的更多燃料。

峡谷效应

在像纽约这样遍布高楼大厦的城市里，高层建筑有许多反射和吸收阳光的表面。它们还能挡风，阻止冷却对流的形成。这些原因也造成了城市热岛。

烟雾

烟雾是密实而明显的空气污染，一般发生在大城市。灰色烟雾一度在伦敦和纽约流行，这种烟雾是由燃烧煤炭和燃油产生的烟尘、其他颗粒物和硫化物造成的。在洛杉矶和丹佛经常看到棕色烟雾，主要是由车辆造成的。数以百万计的汽车、货车和卡车排出了一氧化二氮，它与氧气结合形成了含有二氧化氮的棕色气体。此外，废气中的一氧化二氮和碳氢化合物与阳光发生反应，形成光化学烟雾。

烟雾致害

烟雾对人体有害，刺激眼睛和呼吸道，其严重程度足以致人死亡。1952 年的伦敦烟雾导致 4000 多人死亡。1948 年 10 月 26 日至 31 日，宾夕法尼亚州多诺拉的烟雾导致居民不

上图：墨西哥城上空常见的烟雾污染景象。

足 14000 人的小镇上，有约 7000 人因窒息住院，20 人死亡。这被认为是美国最严重的空气污染灾害事件。

臭氧层空洞

自然环境下臭氧在大气层的最高处产生，当紫外线辐射到平流层，使氧分子分解为氧原子。氧原子与氧分子迅速结合形成臭氧。没有臭氧层的保护，地球上的生命将无法生存。

臭氧的损耗对气候变化的影响被认为是微乎其微的。大气中二氧化碳的增加，在造成大气层较低处（对流层）变暖的同时，也使平流层降温。这将导致那里臭氧含量增加，臭氧层空洞得到填补。

酸雨和放射性雨

酸雨是指 pH 值小于 5.6 的降水。工业设施（如火力发电站）产生的硫化物和氮化物被氧化，形成稀硫酸和稀硝酸，从而形成酸雨。酸雨对土壤和航道，以及生活在其中的生物都是有害的。许多受酸雨影响的湖泊水域清澈，仿佛很纯净，但这只是掩盖了这是一潭死水的残酷事实。

1986 年，切尔诺贝利核电站爆炸，大量放射性粒子被抛向空中。风和放射性雨将辐射尘带到了当时的苏联、东欧、斯堪的纳维亚、英国和美国的部分地区。

京都议定书

2005 年 2 月 16 日，旨在遏制二氧化碳排放和限制全球变暖的《京都议定书》生效。到 2009 年 2 月，该协定已得到 183 个国家正式批准，这些国家的温室气体排放量超全球总排放量的 61%。